U0289920

空间设计理论与实践丛书 THEORY AND PRACTICE OF SPACE DESIGN SERIES

管沄嘉 编著

ENVIRONMENTAL SPACE DESIGN

辽宁美术出版社

环境空间设计

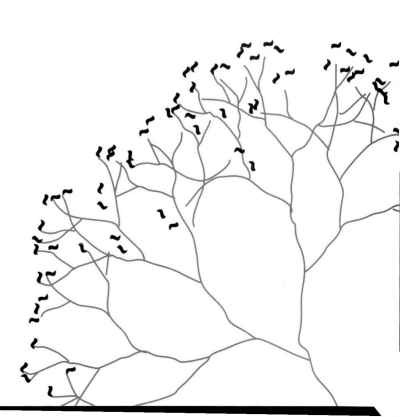

图书在版编目（ＣＩＰ）数据

环境空间设计 ／ 管沄嘉编著． —— 沈阳：辽宁美术
出版社，2014.5
（空间设计理论与实践丛书）
ISBN 978-7-5314-6076-3

Ⅰ．①环… Ⅱ．①管… Ⅲ．①环境设计 Ⅳ．
①TU-856

中国版本图书馆CIP数据核字（2014）第084168号

———————————————————————————

出 版 者：辽宁美术出版社
地　　址：沈阳市和平区民族北街29号　邮编：110001
发 行 者：辽宁美术出版社
印 刷 者：辽宁彩色图文印刷有限公司
开　　本：889mm×1194mm　1/16
印　　张：8
字　　数：150千字
出版时间：2014年5月第1版
印刷时间：2014年5月第1次印刷
责任编辑：苍晓东　李　彤
封面设计：范文南　洪小冬　苍晓东
版式设计：彭伟哲　薛冰焰　吴　烨　高　桐
技术编辑：鲁　浪
责任校对：李　昂
ISBN 978-7-5314-6076-3
定　　价：62.00元

邮购部电话：024-83833008
E-mail：lnmscbs@163.com
http://www.lnmscbs.com
图书如有印装质量问题请与出版部联系调换
出版部电话：024-23835227

21世纪全国普通高等院校美术·艺术设计专业
"十二五"精品课程规划教材

学术审定委员会主任
清华大学美术学院副院长　　　　　　　　　　　何　洁
学术审定委员会副主任
清华大学美术学院副院长　　　　　　　　　　　郑曙阳
中央美术学院建筑学院院长　　　　　　　　　　吕品晶
鲁迅美术学院副院长　　　　　　　　　　　　　孙　明
广州美术学院副院长　　　　　　　　　　　　　赵　健

学术审定委员会委员
清华大学美术学院环境艺术系主任　　　　　　　苏　丹
中央美术学院建筑学院副院长　　　　　　　　　王　铁
鲁迅美术学院环境艺术系主任　　　　　　　　　马克辛
同济大学建筑学院教授　　　　　　　　　　　　陈　易
天津美术学院艺术设计学院副院长　　　　　　　李炳训
清华大学美术学院工艺美术系主任　　　　　　　洪兴宇
鲁迅美术学院工业造型系主任　　　　　　　　　杜海滨
北京服装学院服装设计教研室主任　　　　　　　王　羿
北京联合大学广告学院艺术设计系副主任　　　　刘　楠

联合编写院校委员（按姓氏笔画排列）

马振庆	王雷	王磊	王妍	王志明	王英海
王郁新	王宪玲	刘丹	刘文华	刘文清	孙权富
朱方	朱建成	闫启文	吴学峰	吴越滨	张博
张辉	张克非	张宏雁	张连生	张建设	李伟
李梅	李月秋	李昀蹊	杨建生	杨俊峰	杨浩峰
杨雪梅	汪义候	肖友民	邹少林	单德林	周旭
周永红	周伟国	金凯	段辉	洪琪	贺万里
唐建	唐朝辉	徐景福	郭建南	顾韵芬	高贵平
黄倍初	龚刚	曾易平	曾祥远	焦健	程亚明
韩高路	雷光	廖刚	薛文凯		

学术联合审定委员会委员（按姓氏笔画排列）

万国华	马功伟	支林	文增著	毛小龙	王雨
王元建	王玉峰	王玉新	王同兴	王守平	王宝成
王俊德	王群山	付颜平	宁钢	田绍登	石自东
任戬	伊小雷	关东	关卓	刘明	刘俊
刘敖	刘文斌	刘立宇	刘宏伟	刘志宏	刘勇勤
刘继荣	刘福臣	吕金龙	孙嘉英	庄桂森	曲哲
朱训德	闫英林	闭理书	齐伟民	何平静	何炳钦
余海棠	吴继辉	吴雅君	吴耀华	宋小敏	张力
张兴	张作斌	张建春	李一	李娇	李禹
李光安	李国庆	李裕杰	李超德	杨帆	杨君
杨杰	杨子勋	杨广生	杨天明	杨国平	杨球旺
沈雷	肖艳	肖勇	陈相道	陈旭	陈琦
陈文国	陈文捷	陈民新	陈丽华	陈顺安	陈凌广
周景雷	周雅铭	孟宪文	季嘉龙	宗明明	林刚
林森	罗坚	罗起联	范扬	范迎春	郇海霞
郑大弓	柳玉	洪复旦	祝重华	胡元佳	赵婷
贺祎	郜海金	钟建明	容州	徐雷	徐永斌
桑任新	耿聪	郭建国	崔笑声	戚峰	梁立民
阎学武	黄有柱	曾子杰	曾爱君	曾维华	曾景祥
程显峰	舒湘汉	董传芳	董赤	覃林毅	鲁恒心
缪肖俊					

序 >>

当我们把美术院校所进行的美术教育当做当代文化景观的一部分时，就不难发现，美术教育如果也能呈现或继续保持良性发展的话，则非要"约束"和"开放"并行不可。所谓约束，指的是从经典出发再造经典，而不是一味地兼收并蓄；开放，则意味着学习研究所必须具备的眼界和姿态。这看似矛盾的两面，其实一起推动着我们的美术教育向着良性和深入演化发展。这里，我们所说的美术教育其实有两个方面的含义：其一，技能的承袭和创造，这可以说是我国现有的教育体制和教学内容的主要部分；其二，则是建立在美学意义上对所谓艺术人生的把握和度量，在学习艺术的规律性技能的同时获得思维的解放，在思维解放的同时求得空前的创造力。由于众所周知的原因，我们的教育往往以前者为主，这并没有错，只是我们更需要做的一方面是将技能性课程进行系统化、当代化的转换；另一方面需要将艺术思维、设计理念等这些由"虚"而"实"体现艺术教育的精髓的东西，融入我们的日常教学和艺术体验之中。

在本套丛书实施以前，出于对美术教育和学生负责的考虑，我们做了一些调查，从中发现，那些内容简单、资料匮乏的图书与少量新颖但专业却难成系统的图书共同占据了学生的阅读视野。而且有意思的是，同一个教师在同一个专业所上的同一门课中，所选用的教材也是五花八门、良莠不齐，由于教师的教学意图难以通过书面教材得以彻底贯彻，因而直接影响到教学质量。

学生的审美和艺术观还没有成熟，再加上缺少统一的专业教材引导，上述情况就很难避免。正是在这个背景下，我们在坚持遵循中国传统基础教育与内涵和训练好扎实绘画（当然也包括设计摄影）基本功的同时，向国外先进国家学习借鉴科学的并且灵活的教学方法、教学理念以及对专业学科深入而精微的研究态度，辽宁美术出版社会同全国各院校组织专家学者和富有教学经验的精英教师联合编撰出版了《21世纪全国普通高等院校美术·艺术设计专业"十二五"精品课程规划教材》。教材是无度当中的"度"，也是各位专家长年艺术实践和教学经验所凝聚而成的"闪光点"，从这个"点"出发，相信受益者可以到达他们想要抵达的地方。规范性、专业性、前瞻性的教材能起到指路的作用，能使使用者不浪费精力，直取所需要的艺术核心。从这个意义上说，这套教材在国内还是具有填补空白的意义。

21世纪全国普通高等院校美术·艺术设计专业"十二五"精品课程规划教材编委会

目录 contents

第一章 空间的基本概念

本章重点：1.掌握空间的基本概念； 2.了解内部空间与外部空间的相互联系和转换关系。

本章难点：理解空间的基本概念。

第一章 空间的基本概念

从漫无边际的外太空到显微镜下的微观世界，客观的物质世界普遍是以某种空间的方式而存在的。从生命萌动时被母体的包裹到生命终结后的入土为安，人们每时每刻都在占据空间，也为空间所包围。可以说，空间是人类认知世界最初始也是最基本的媒介，这一点可以从人类远古的神话传说和古代典籍中得到印证。《易经》中关于"乾"、"坤"的爻（yáo）卦符号就是中国古代先贤通过象征的方式对于天、地、人三位一体的宇宙空间方位关系的阐述（图1.1.1）。

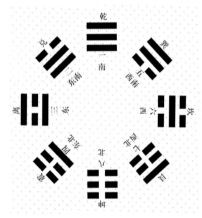

图1.1.1 爻卦符号象征了天、地、人三者之间的空间和方位关系

其实，人们对于空间的基本认知并非来自于抽象的哲学思考，而更多的仅仅是鲜活的日常经历所累积的基本常识。作为日常生活中接触到的最普通最熟悉不过的事物，空间是直接而具体的。但另一方面，空间却又很难用言语加以叙述和定义。其中主要的原因就是因为空间所具有的不确定性，即由于"空"和"无"的特性使得空间不像实体对象一样易于被分析和讨论。因此，为了更深入地理解和认识空间，就不仅需要我们身处其中去进行直观地体验和感受，而且需要我

们不时从空间中抽离出来对其加以理性的分析。只有将这两种方法很好地结合，才能形成对空间比较深入和全面的认识（图1.1.2）。

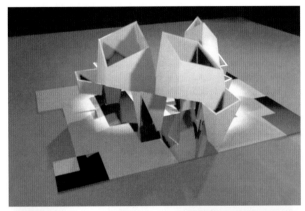

图1.1.2 空间的研究涉及内部和外部两个观察视角

尽管都属于三维立体的范畴，我们这里所讨论的"空间"概念与作为设计通用基础的"立体构成"之间虽然有着密切的联系，但又存在着非常不同的观察视角。"立体构成"偏重于从外部去审视形体及其之间的联系，而对于"空间"的研究则更侧重于从内部去观察和感受空间及其之间的组织关系，注重人们身处空间之中的感受和体验的结果。除去强调内部性的特点之外，空间设计还涉及人的尺度问题。也就是说，在研究和推敲空间之间的关系时需要考虑的不仅仅是抽象的空间形式和审美的问题，还必须考虑空间的大小与人体的尺度之间的相互影响和相互关系。后者不易把握也很容易被忽略，但却是评价空间品质优劣的重要依据。为了能更好地对空间进行组织和设计，我们首先就需要对空间的概念和性质有一个基本的了解。

第一节 ///// 空间的基本概念

一、空间的形成

只要稍稍留意一下身边，我们就会发现在日常生活当中随时发生着简单而有趣的空间现象。在艳阳高照或阴雨天时人们会撑起小伞，在草地里休息或用餐时人们会在地上铺起一块塑料布。这些都会很容易地在我们身边划定出一个不同于周围的小区域，从而暗示出一个临时空间的存在。雨伞和塑料布提供了一个亲切的属于我们自己的范围和领域，让我们感到舒适和安全。（图1.1.3a～1.1.3b）由街边的矮墙和台

图1.1.3a 一把阳伞和一张塑料布可以形成空间和领域感

图1.1.3b

阶所形成的小的区域，同样可以暗示出一个空间的存在。不同于雨伞和塑料布之处在于，这是一个由较为永久性的实体所形成的空间区域，它可以为一些临时性的公共社交活动提供简单的遮蔽，甚至某些情况下会诱发人们的行为（图1.1.4）。一个吊挂在城市上空的金属装置，尽管毫无隐私可言，但是对于围坐在桌子边的小群体而言，同样形成了一个很好的临时聚会场所（图1.1.5）。

当然，空间的形成并不完全依赖视觉才能实现。人民公社的高音喇叭、欧洲小镇上教堂的钟声以及从清真寺尖塔上传来的召唤人们集合的呼唤声都会弥漫在很大的空间范围里。尽管人们看到的只是喇叭和尖塔，但它们却可以形成具有强烈空间影响力的大范围

图1.1.5 吊挂在空中的人们甚至可以举办一个临时的空中酒会

的区域感（图1.1.6）。可见，不论是明确的还是模糊的、临时的还是长久的，只要通过某种方式使得人们直观地或潜在地意识到某种范围、区域和领域的存在，人们就会感觉到空间的形成。

图1.1.6 非视觉因素同样可以限定出空间的范围

二、实体与虚空

"埏（shān）埴（zhí）以为器，当其无有器之用。凿户牖（yǒu）以为室，当其无有室之用。是故有之以为利，无之以为用。"这是两千五百年前，老子对于"空间"的概念进行过的极富东方哲学思辨精神的精辟论述。它的大意是说，用陶泥制作器皿，由于其中"空"的部分才使得器皿具有使用的价值；开凿门窗

图1.1.4 街边的矮墙和台阶创造了停留和社交的空间

建造房子，同样由于房间中"空"的部分才使得房间具有使用的价值；实体所具有的使用价值是通过其中虚空的部分得以实现的。老子关于空间的论述清晰而深刻地阐明了用以围合空间的实体和被围合出的空间之间的辩证关系，经现代主义建筑大师赖特（Frank. L. Wright）加以引用而给予设计界以极大的启发。它让我们通常只关注实体的眼睛"看见"了虚空（图1.1.7~1.1.9）。

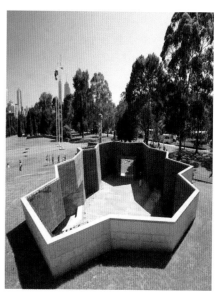

图1.1.8　实体与虚空之间的相互依存关系（澳大利亚维多利亚州战争纪念馆，菲利普·哈德森和詹姆斯·沃卓普/ Philip Hudson & James Wardrop）

图1.1.7　简朴而中性的围护体使得"虚空"本身的特质成为被关注的核心（法国拉图雷特修道院，勒·柯布西耶/ Le Corbusier）

图1.1.9　通透的网架在各个楼层空间之中又限定出了上下贯通的一组组"虚空"（日本仙台市媒体中心，伊东丰雄/ Toyo Ito）

然而，在意识到"空"的价值的同时，我们也同样不应该忽视围合出空间的实体的作用。尽管它不是空间本身，但无疑它帮助形成空间，也深刻影响着空间。由于中间被围合的"空"的部分充满了不确定性而难于把握，使得我们在分析和讨论空间的时候，很多情况下就需要借助于相对确定也更易于控制的实体进行讨论而得以实现。此外，当我们在从事空间设计工作的时候，我们主要也是通过对形成空间的实体进行安排和组织，以达到创造和调节空间本身的目的。

三、空间与空间感

显然，对于空间进行探讨的价值和意义不仅在于空间本身的客观状态，更涉及人们身处其中复杂的感受和行为反馈。因此，我们在谈论"空间"的时候往往离不开对"空间感"的谈论。大家可能也意识到了，在教材前面部分论述"空间的形成"的过程中，我们实际上也是在讲述"空间感"的形成。在很多情况下，人们感受到的空间和真实的物质空间存在着很大的差异。在当前的视频游戏领域中，数字模拟技术已经可以做到将真实的世界与人们感受到的虚拟世界完全分离开来的程度，这可以说是利用"空间感"创造"空间"的比较极端的方式。比如在英国广播公司的电视节目《红矮星》中，就有这样一款名叫《比生活更美好》的视频游戏，玩家们一旦戴上了特制的视频眼镜，就会沉迷于令人惊叹的虚拟世界而流连忘返（图1.1.10）。

图1.1.10 人们戴上特制的眼镜就可以进入视频游戏所创造的虚拟世界之中

研究发现，尽管人们始终在各种各样的空间中活动，但并不是所有人们经历过的空间都能给人留下印象，并且特征不同的空间给人们留下的印象强度也存在很大差异。我们每个人可能都有过这样的经验：当我们分别通过一条两侧排列着封闭房间的办公楼通道和一条两侧布置着可以观赏到室外景致的玻璃窗的走廊时，一定会有着完全不同的感受（图1.1.11）。尽

图1.1.11 不同的过程体验会形成不同的空间感受

管两条通道的实际长度大致相同，但由于前者给我们的空间感觉封闭沉闷，往往会显得乏味冗长；后者由于提供给我们较为丰富愉悦的空间体验，因而相比之下在实际通过时会使人感觉比实际距离缩短了很多。

由此可见，通过对真实空间进行不同的处理和安排可以有效地调节人们对空间的印象，进而会促进人们的某些行为而抑制另外一些行为。应该说，这正是我们对空间进行设计和规划的主要方式。

第二节 ///// 空间认知的基本理论

直到19世纪，空间才作为一个独立的概念被人们理解和研究。德国著名哲学家康德（Immanuel Kant）认为空间并非物质世界的属性，而是人类感知世界的方式。在《纯粹理性批判》一书中，他写道，空间以知觉的形式先存在于思想中，必须从人的立足点才能谈论空间，这一观点成为后来空间移情论的理论基础。空间移情论把人的个体意识的外化即看做是空间化的过程，并认为空间之所以存在是因为人的身体对其的感知和体验。

同一时期建筑空间理论的另一个更具影响力的方向来自于空间的围合论。该理论认为空间的围合性是第一位的，同时把对空间的注意力集中在围合空间的建筑元素上，并认为建筑的目的就是创造与围合空间，因此建筑的过程也应从空间开始。该理论更关注于对围合空间的实体进行研究，并引发19世纪末和20世纪初的建筑师和理论家们真正开始了对空间的关注，对于建筑界空间观念的形成影响深远。

20世纪中叶，以海德格尔（Martin Heidegger）的存在主义现象学为基础，诺伯格·舒尔茨（Norberg Schulz）在建筑空间研究方面试图以"场所"理论替代"空间"的概念。他认为，在传统的讨论中建筑空间被分解为三维的组织系统和蕴涵于其中的气氛两个分离的部分，这一做法阻碍了人们对空间的理解，而他提出的"场所"概念则是空间和其中所包含的特质的总和。基于这一认识，人们可以把人的思维、身体和外部环境紧密地联系起来。由于场所理论尝试把人的思维和外部世界看做一个整体进行考查，所以得到当代设计界比较广泛的认同。

此外，当代许多理论家也把空间作为一种语言系统来进行研究。他们倾向于认为，空间整体而言就是一套有着内在逻辑和结构的语言系统，是一系列可以被解读的具有意义的人工产品和事件。既然是语言，就需要有相应的词法和句法对空间进行组织，并且可以像阅读文字一样对空间进行解读，以理解其所传达的含义。显然，这就意味着对于空间语言的阅读和理解能力将会直接影响到人们对空间进行解读的结果。由于空间语言往往通过象征、隐喻等抽象的方式进行表达，因而对其含义的解读也往往是模糊、多重和意象性的。

面对众多的空间理论和认识，期望能够给予空间一个终极的定义显然是没有意义的，同样也不是本教材所期望达成的目标。我们认为无论哪一种理论，都不应作为对空间的严格的定义，而是立足于各自不同的角度对空间进行的描述。在给予人们认识空间和创造空间以启发的同时，它们反映了空间、实体、人及其感受之间复杂关系的不同侧面，从而帮助人们不断加深对空间的认识和理解，拓展创造空间的可能，而这才是真正有价值的。本教材也同样尝试从不同角度和层面对空间进行分析和描述，并配合相应的课题训练以提高同学们对于空间的思考、想象和创造能力。

第三节 ///// 空间的内部与外部

空间的"内"与"外"是相对的。当空间被清晰且严格地加以限定时，被限定范围内的部分我们称之为空间内，反之则称之为空间外。就一个封闭的房间而言，我们可以很容易地区分出它的内部和外部，墙体以及门窗清晰地划分出了空间的边界和范围。然而当空间的边界和范围模糊不清时，我们则很难辨认出空间内和外的差别。仔细分析可以发现，内和外是由于空间开放程度的差异造成的。相对封闭的空间区域暗示着空间的"内"，反之则显示出"外"的特征。对于建筑体而言，内部空间与外部空间一般是以建筑围护体的边界来加以区分的。一般而言，由于墙体和门窗可以将建筑的内部和外部比较明确地加以分隔，形成了一般意义上的"室内"和"室外"的概念。但显然，室内空间不是孤立的，它存在于与其外部复杂的相互关系之中。因此，对于空间内部的设计也应被置于空间外部包括自然和城市的更广阔的视野中去考

察。这样做不仅会对室内空间的形成和完善提供更多的线索和可能，也会为内部空间设计提供更具逻辑性的发展基础。

在欧洲中世纪保留下来的传统城镇中，由于街道两侧和广场周边的建筑形成了很亲近的尺度感和围合性，加之这些街道和广场的地面大都使用与建筑室内并无很大差异的石材进行地面铺装，使得人们徜徉在城市的街道上时有如在内部空间中行走一般。而居住在那里的人们也确实把大部分的日常活动都转移到了城市的街道和广场中进行，这就是为什么人们习惯于把欧洲传统的城市广场称作"城市起居室"的原因（图1.3.1a~1.3.1d）。

在近当代，也有很多优秀的空间案例创造性地打破了一般人们观念中室内和室外的概念，形成了一些富于启发性的空间样态，拓展了人们对于空间的特殊体验。著名现代主义建筑大师勒·柯布西耶（Le Corbusier）曾经为外科医生克鲁榭设计过一个包含诊所在内的小型住宅综合体（图1.3.2a

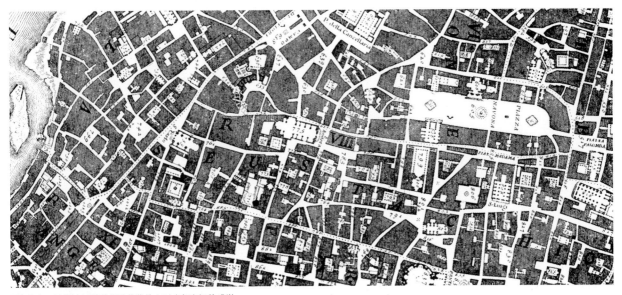

图1.3.1a 欧洲古城镇的街道往往给人以内部空间的感觉

图1.3.1b

图1.3.1c

图1.3.1d

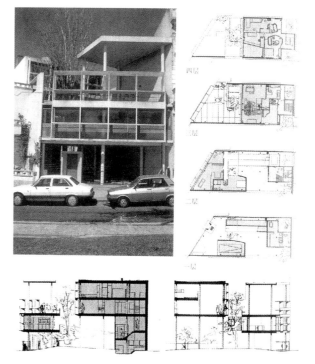

图1.3.2a 克鲁榭公寓（勒·柯布西耶/ Le Corbusier）

~1.3.2c）。在这一案例中最有趣之处在于，人们从建筑临街的入口进入的并不是严格意义上的室内门庭，而是一个与内部露天庭院相连通的有着屋顶的室外空间。门厅比之于街道的外部属性

而言无疑是属于内部的空间，但它同时又是一个开放的室外空间，这一空间内外的双重角色转换给人们带来了有趣的过程体验。英国著名建筑师詹姆斯·斯特林（James Stirling）设计的斯图加特美

术馆在内部空间与外部空间的相互转换方面也进行了成功的尝试（图1.3.3a~1.3.3d）。该作品试图通过一个连通城市与建筑的室外庭院来建立起城市公共空间与建筑内部空间之间的紧密联系。我们从图片中可以看出，一条连接城市街道和美术馆内

图1.3.2b

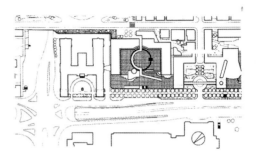

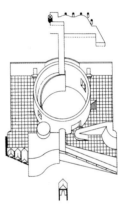

图1.3.2c

部庭院的步行坡道，将城市的人流自然地引入到了一个属于美术馆内部的圆形露天庭院之中。然而城市的人流并不能走到庭院的地面层，而是在环形通道的引导下从二层的高度上贯穿庭院而过。设计师通过这一空间安排实现了城市人群与美术馆内部人群对圆形庭院空间在视觉上的共享，同时二者的活动又不相互干扰。在这里，圆形的户外庭院同样充当了内部与外部空间的双重角色。

在与外部的自然环境保持紧密联系方面，罗马的万神庙（Pantheon）无疑是这方面最具历史性的经典案例。建筑师通过在巨大穹顶上的一个圆形孔洞把极为封闭的内部空间变成了一个完全的室外空间，从而将内部空间与外部世界紧密地联系了起来。在晴朗的季节里，阳光每天移动的轨迹会通过屋顶的圆形开孔投射到建筑内部的穹顶和墙壁上；在雨季时，雨水也会从屋顶的圆形开孔处飘落进来，使人们尽管身处内部空间却可以强烈地感受到宇宙的力量和外部世界的存在（图1.3.4a~1.3.4b）。

此外，日本著名建筑师安藤忠雄（Tadao Ando）精心构筑的一系列教堂空间也为我们提供了很多在空间内部和外部

图1.3.3a

图1.3.3b

图1.3.3c

图1.3.3d 斯图加特美术馆将城市街道引入了内部庭院空间
（詹姆斯·斯特林/James Stirling）

之间建立紧密联系的经典案例。其中，"水之教堂"更是他众多给人以深刻印象的作品中的经典（图1.3.5a~1.3.5b）。该作品通过对教堂内圣坛背后户外大面积水景的借用，使有限的内部空间得到最大限度的拓展，人们在沉醉于眼前美景的同时为超越于人的自然之力所震撼，从而激发出最为深切也最为朴素的宗教情感。

"光"之教堂也同样令人叹服。整个空间序列从室外到室内通过明与暗的光线对比，最终通过圣坛背后强烈的十字形图案，在相对昏暗的内部空间里引入了明亮的自然光线，通过戏剧性的光影对话形成极为神秘的环境氛

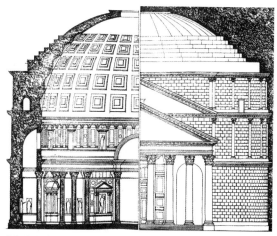
图1.3.4a

图1.3.4b 罗马万神庙（Pantheon）"露天"的穹顶使得阳光和雨水成为内部空间的组成部分

围（图1.3.6a～1.3.6b）。

美国著名建筑师理查德·迈耶(Richard Meier)对自然光线色彩的关注甚至对其内部空间的色彩选择产生了决定性的影响。作为"白色派"建筑的代表人物，理查德·迈耶在其设计作品中始终钟情于对白色的偏爱。他认为白色可以最好地呈现出一天中自然光线的色彩变化。在他众多的作品中，很多是通过小面积涂以鲜艳色彩的空间构件与大面积的白色墙身进行对比并置，以此提示出表面上看来极为纯净的白色空间所暗含着的丰富的色彩内涵。

图1.3.5a

图1.3.6a "光"之教堂将自然光戏剧性地引入内部空间中（安藤忠雄/Tadao Ando）

图1.3.5b "水之教堂"将外部广阔的自然环境作为内部空间的背景（安藤忠雄/Tadao Ando）

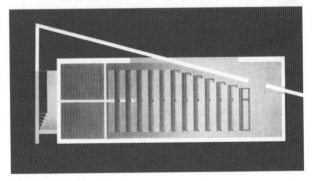

图1.3.6b

第四节 ///// 空间在建筑和室内设计中的角色演变

　　简单地回顾一下历史就会发现，尽管建筑与室内设计的发展过程从来都离不开空间的载体，但是人们真正自觉地把空间作为建筑和室内设计中重点表现和关注的对象却是从现代主义设计思潮出现之后。在现代主义出现之前的各个时期，有关建筑内部的主要工作基本上集中于对室内的墙体进行平面化的装饰方面。相比空间而言，当时人们更重视对古典式样比例的严谨推敲和近似考古式的样式运用（图1.4.1~1.4.2）。从当时的很多作品可以看出，由于创作者并没有把空间作为艺术表现的重点，因而对于空间表面的处理虽然丰富多样，但并不以调节和加强空间本身的特质为目标。相反，创作者更像是面对着一块块被划分出来的独立的画布，尽最大可能地进行繁复的雕绘和纹饰，其结果往往使得空间本身的特色变得模糊不清（图1.4.3~1.4.5）。在各个风格时期中，均不缺乏层次丰富且尺度震撼的室内空间案例，但很多都由于没有把空间有意识地作为设计思考的重心，从而因为大量的表面装饰而削弱了空间自身的艺术表现力。当然，西方传统建筑与室内设计历史中出现过众多的风格流派也存在着明显的地域差异，其中不乏一些在空间与表面装饰之间保持恰当平衡的优秀作品。但就总体而言，近现代时期之前西方传统建筑和室内的

图1.4.1　古希腊时期建筑的五种基本柱式

图1.4.2　《对建筑风格的看法》书中的插图
（G.皮拉内西/ Giambattista Piranesi）

图1.4.3 室内墙面繁复的纹饰弱化了空间自身的表现力　　　　图1.4.4

发展历程中人们并没有把空间作为独立的审美对象来加以对待。

　　随着近代产业革命的推进，工业化大批量的制造方式的出现、新结构技术和新材料的不断拓展以及艺术领域抽象美学的渐趋成熟，使得一批敏感的建筑师们明显地意识到传统设计语言的局限性。在他们看来，仅仅是使用新的材料去雕琢旧有的装饰样式不仅与时代的特征相悖，而且显然已经不能满足人们新的生活方式和审美趣味了。他们一方面基于现代抽象美学尝试发掘现代结构技术与现代材料所可能形成的新的艺术表现潜力，另一方面希望把建筑向满足人们基

本生活需求的目标回归。这两项诉求使得传统的装饰性风格遭到摒弃，而如何能够创造出满足人们现实使用要求的内部空间则被置于首要关注的位置。相应地，建筑内部的空间组织方式、空间功能关系成为了建筑师主要思考的内容。由于装饰遭到了排斥，因而空间本身逐渐成为了建筑的主角（图1.4.6~1.4.9）。与此同时，一批给人以深刻启发的空间设计案例也使得现代主义设计思想变得令人信服，并逐渐成为设计界的主流意识。

　　然而任何事物都不能走极端，现代主义也是如此。当除了满足人们最基本最实用的要求之外不能有

任何多余的形式和内容成为无可置疑的设计教条时，空间就变得僵硬枯燥且有悖人性了。现实生活的复杂性和人们出于情感需求的装饰本能均预示着现代主义的极端唯功能论终于走向末路。于是，后现代主义等一大批新的设计思潮不断地涌现出来，以期改变现代主义禁欲式的僵化呆板的空间形象（图1.4.10）。值得注意的是，各种新的设计思潮和方法并不否定空间的价值，而是在进一步拓展空间潜力的基础上，试图

图1.4.5

图1.4.7　奥赞方住宅室内（勒·柯布西耶/ Le Corbusier）

图1.4.6　萨沃依别墅室内（勒·柯布西耶/ Le Corbusier）

图1.4.8　巴黎国际装饰艺术博览会"新精神馆"室内
（勒·柯布西耶/ Le Corbusier）

图1.4.9 苏黎世柯布西耶中心室内（勒·柯布西耶/ Le Corbusier）

呈现空间所本应具有的除去功能之外的更为丰富的文化含义。当然，空间以及空间界面的装饰特征不应该处于相互对立的关系之中。空间界面不仅本身就是空间语言的一部分，而且也是实现空间整体效果的重要手段。在实现空间整体表现力的前提下，如何取得空间及其界面装饰特色之间的平衡才是我们应该关注的重点。

图1.4.10 迪斯尼总部办公楼室内（迈克尔·格雷夫斯/ Michael Graves）

第五节 ////// 空间研究的常用工具与媒介

在进行形态和空间的创作时，我们的头脑中经常会出现很多有关形象和形式的想象。但如何捕捉住这些模糊不定的意象，并把它们以一种易于被人理解的方式呈现出来则需要一些工具和媒介的帮助。当然我们可以通过语言文字来对形象进行描述，尽管这样可以引发对形象的丰富联想。但在表现形象的准确性方面，语言文字因为表达方式过于间接，所以显得难以胜任。

除了帮助我们记录和捕捉头脑中模糊的意象之外，这些工具和媒介同样可以帮助我们推动设计的进展。因为头脑中模糊的意象和被形象化之后的图像之间总会存在着差异，而这些差异就会反过来刺激我们的头脑，促使我们在头脑中对最初的意象进行修正，然后再将之形象化。如此周而复始，设计形态就会在这一不断的相互反馈中得以推进。这些工具和媒介除了帮助创作者进行自我交流之外，还可以帮助创作者和其他人之间进行交流。

根据设计的不同阶段和状态，我们所选用的表达工具也不尽相同。而且各种表达工具都既有自己的优势也有自身的局限，这也同样需要我们根据不同的表达目的来加以选择。从某种意义而言，设计辅助工具的不同特性，甚至会对设计本身的过程和结果产生决定性的影响。这就需要我们对不同工具的特性有一个比较全面的了解。就形态与空间研究而言，我们常用的工具和媒介包括：手绘草图、实物模型以及计算机辅助设计系统。

一、草图与实物模型

通过草图与实物模型来表现空间是最为传统也比较行之有效的方式。草图的特点是方便快捷，可以在非常短的时间内把头脑中的意象描绘出来，并且在手与脑的反馈和互动中非常直接和自由，在最初的意象表达方面优势明显（图1.5.1~1.5.4）。但也有其缺点，其中比较主要的缺点是草图的二维平面属性，虽然草图制作者可以通过高超的绘图技巧来尽可能地模拟三维形象，但因为人们无法真的围绕该形象进行全方位的观察，所以我们很难仅仅通过想象去推动空间构思的进一步发展和完善。而实物模型在这方面则有着天然的优势，因为是对空间进行三向维度的再现，所以人们完全可以全方位地对空间进行观察，推敲空间及其之间的关系，做出调整直至最终完成（图1.5.5）。当然实物模型也有着自身的缺陷。在某些情况下，模型的制作会因为形体过于复杂而非常费时费力，并且经常出现这样的情况：当我们很费力地完成了模型的制作后，却发现其结果与我们最初的设想相去甚远，然而已经花费了很多的时间和材料。对此，我们一方面可以通过快速草图与模型制作相

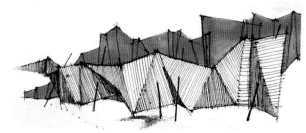

图1.5.1b

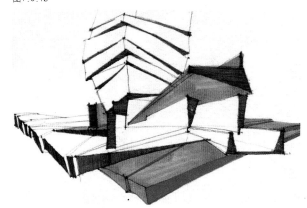

图1.5.1c

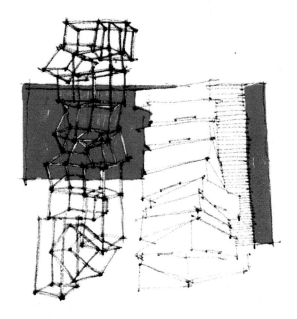

图1.5.2　草图可以随时随地记录下设计师头脑中的意向
（崔笑声/Cui Xiaosheng）

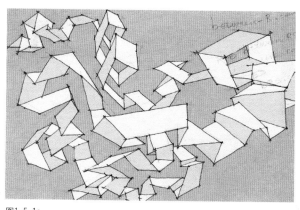

图1.5.1a

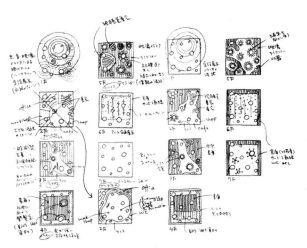

图1.5.3 伊东丰雄（Toyo Ito）的设计草图（日本仙台市媒体中心）

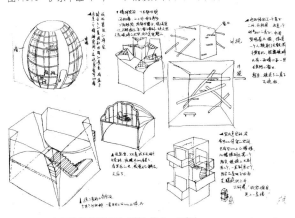

图1.5.4 空间构想草图练习（学生作业，于娜）

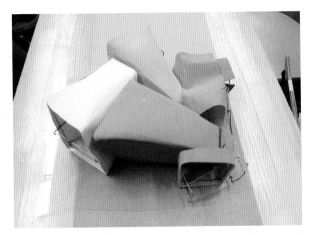

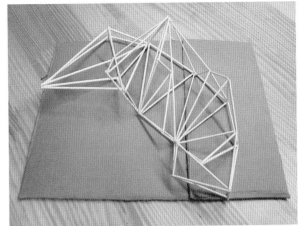

结合的方式作为补充；另一方面，也可以采用在正式模型之前先制作小尺寸的草模型的方法加以弥补。

二、计算机三维模拟辅助工具

当前计算机三维模拟技术的发展为形态与空间的设计工作提供了高效的技术平台。一方面，利用计算机模拟技术进行三维虚拟的模型制作可以非常快捷地呈现形象，并且能够随意地对模型进行修改，既节省了时间又节约了材料。另一方面，人们可以在计算机中随意地调整视角从各个方向对这些三维虚拟的模型进行观看和研究。由于造型速度和灵活性的增加，使得计算机可以在现有形体的组合关系的基础上，生成很多意想不到的空间形态，大大地增加了空间变化的可能性，有效地拓展了人们的视觉经验（图1.5.6）。此外，利用虚拟模型的三维动画技术还可以动态地观察形态和空间的组合状况，尽可能真实地反映出复杂形态和空间的最终效果（图1.5.7a、1.5.7b）。

目前我们常用的三维模拟软件有AutoCAD、SketchUp和3ds max等。这些软件虽然都可以模拟三维模型的制作，但有一点需要注意，通过这些方法制作的模型只是虚拟的视觉形态，它们并不遵循真实世界中物质之间的力学法则，使得这些虚拟形态在很多情况下无法反映物体之间真实的力学关

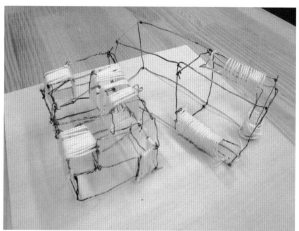

图1.5.5　实物模型可以比较直观地反映空间的状态和关系
（学生作业，李晓君、郝培晨、陈帅、仲歆）

图1.5.6　计算机可以创造出很多意想不到的空间形态
（马克斯·诺瓦克/Marcos Novak）

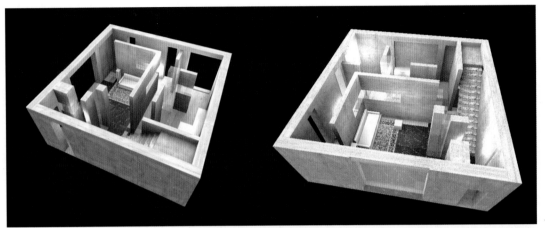

一层俯视效果

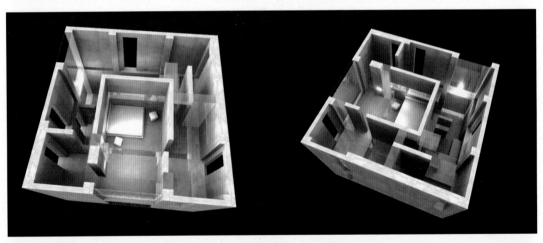

二层俯视效果

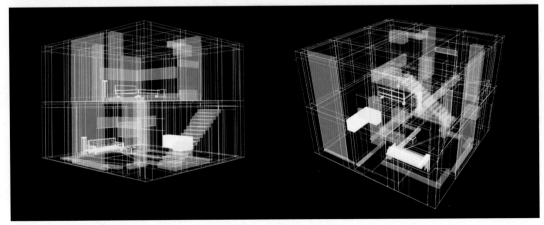

室内水系效果

图1.5.7a 三维动画可以模拟出人在空间中不断移动的视觉感受（学生作业，侯俊杰）

图1.5.7b

图1.5.8 洛杉矶"绿伞"表演厅形态复杂的玻璃屋顶(埃里克·欧文·莫斯/Eric Owen Moss)

图1.5.9 西班牙毕尔巴鄂古根海姆美术馆（弗兰克·盖里/Frank.O.Gehry)

系。比如说，如果用线材的张拉方式进行形态构成时，线材之间的拉接关系就无法在三维模拟的辅助下完成。而利用软体材料的弹性进行造型时也面临同样的问题。在使用硬质的块材进行构成训练时，情况就好得多。但因为没有真实的重量，计算机仍然无法判断与地面带有角度的块体能否保持稳定不动的状态。在这些情况下，实物模型将会起到很好的补充作用。利用实物模型与计算机模拟技术相互协作进行空间形态的研究在当前设计的实践领域也多有应用。目前国际上一些发达的形态应用软件，已经可以通过对实物模型进行三维扫描的方式，将模型关键部位的形态进行数据转化，这样甚至可以直接指导最终的施工图绘制以及实际的加工制造过程（图1.5.8～1.5.9）。

第二章 空间的基本特性

本章重点：1.理解空间的时间性和顺序性的意义；2.掌握空间的方向性特征以及形成空间方向性的途径；3.体会空间公共性和私密性之间的相互关系。

本章难点：1.深入体会空间的时间性和顺序性；2.理解空间识别性的形成及其意义。

第二章　空间的基本特性

前面的章节让我们对空间的概念有了一个初步的认识。为了进一步加深对于空间的理解，就需要我们从多个方面对空间的基本性质有一个比较全面的了解。空间的这些性质是关于空间的比较本质的内容，对于我们进行空间的组织和创造有着极为重要的意义。只有我们在自己的日常生活中细致观察，在大量的设计实践里深入体会，才能真正地掌握和理解。这些性质包括：空间体验的现场性、空间的时间与顺序性、空间的方向性、空间的可变性、空间的公共与私密性、空间的识别性等方面，接下来我们就分别加以讨论。

第一节 ///// 空间体验的现场性

所有与环境和空间相关的专业学习注定要花费我们更多的时间、精力和金钱。因为空间作品不像绘画、雕塑等艺术品，可以比较容易地进行搬运和展览。无论一个建筑空间作品所处的位置多么偏远，如果想要真的深入了解和学习它，都需要我们花费时间和精力亲临现场才能够实现。尽管当代技术已经可以将大体量的建筑进行整体搬移和高质量的复原，但这样做不仅需要付出极为高昂的代价，而且由于空间作品总是与其周边的环境有着千丝万缕的联系，使得它在被搬运和移动之后，就会与原有的场地和环境关系发生变化，而这种变化会在很大程度上影响空间之所以存在的基础。

对埃及境内的拉姆西斯二世太阳神庙的整体迁移工作可以比较恰当地说明这一问题。为了挽救因修建阿斯旺水坝而被尼罗河水淹没的世界建筑遗产，联合国教科文组织曾投入大量经费把位于尼罗河下游沿岸的拉姆西斯二世太阳神庙从即将被淹没的尼罗河底向河岸边的高地上进行整体迁移。从测量、切割、搬运到最终拼合完成，搬迁和复原工作堪称完美。但令人遗憾的是，尽管神庙的实体部分得到忠实的还原，但神庙与太阳之间位置的微妙关系却发生了变化。作为太阳神的化身，拉姆西斯二世在建造自己的神庙时进行了精妙的构思。即当每年的2月21日拉美西斯二世生日以及10月21日拉美西斯二世加冕日时，阳光会穿过神庙窄小的洞口和60米深狭长的通道，一直照射到神庙最深处太阳神雕像的身上，而他周围的雕像则享受不到太阳的这份奇妙的恩赐。尽管在现代技术的支持下，神庙的外观形象和空间尺寸得到了最大限度的还原，但因为位置的改变，迁移后的神庙最终只能分别延后一日才能再现阳光在"太阳神日"清晨那一刻令人惊叹的表演（图2.1.1）。

我们知道，在二维平面上进行的绘画经常也可以非常逼真地再现三维空间的现场感，但它仍然无法替代人们真实的现场体验。首先，二维平面绘画所给予

图2.1.1a　位于埃及南部城市阿布辛贝（Abu Simbel）的拉姆西斯二世（Ramses II）太阳神庙

图2.1.1b

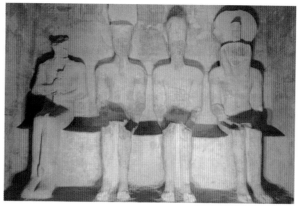

图2.1.1c

人们的不是真实的空间体验，而是通过视觉的模拟来激发人们对于空间的想象，这无疑在很大程度上还需要依赖观察者曾经经历过的空间经验才能够起作用。其次，由于绘画作品所能呈现的往往只是一个单一静态的空间画面，与我们在空间内部行走和观看所获得的连续性的空间印象无疑存在着明显的差距，尽管这可以通过一组连续性的画面进行一定程度的弥补。然而最为重要的是，只有当人们亲历空间现场时，才能最大限度地获得对于空间真实尺度的感受和包括视觉、听觉、触觉在内的全方位的感觉体验。

第二节 ///// 空间的时间性与顺序性

我们在前面提到，如果你想真正深入地认识和理解一个空间作品，就需要你花费时间亲身进入其中，并在空间中行走、停留、观察和体会。这一系列的行为都需要人们在时间的维度下，与空间进行不断地交流和对话才得以完成。因此，深入完整地感知、体验和认识空间作品需要一个时间性的过程才能实现。在这一过程中，人们会逐渐把一系列关于空间的印象片段连缀成对空间整体的感受。或者换句话说，尽管空间以及空间的围合物是相对静止的，但由于参与空间体验的人需要在一个运动的过程中去不断地感觉和

认知，因而使得空间具有了时间性的特征。在这一点上，空间作品与音乐、电影等其他门类的时间性艺术有着非常相似的特征。所不同的是，在人们观赏电影时，作为主体的人是静止和相对被动的，而电影的情节则在不停地推进。相比之下，作为空间体验主体的人在空间中运动时，则处于相对主动的地位。从某种程度而言，他甚至可以通过选择在空间中运动的方式而一定程度地参与到空间的创造之中。

"时者，序也。"这是《易经》中关于"时间"的阐述。它意味着"时间"不是单一指向未来的一种纯粹的客观现象。由于"顺序"或者说秩序和规则的存在，使得"时间"可以在不同秩序的组织和安排下

传达出不同的意义。"时间"所包含的顺序性特征是时间性艺术最具魅力之处。电影的"蒙太奇"手法正是因为这一点而呈现出迷人的艺术表现力。下面就让我们来做一个小的试验（图2.2.1）。图片是截取自

图2.2.1 电影《美国往事》（Once Upon a Time in America）中的一组画面

电影《美国往事》中的一组镜头，其中包含了男主角Max从面无表情到得意微笑的一系列连续画面。当我们在其中加入一个举枪的镜头后，再按正向顺序和反向顺序分别进行放映，看看会得到什么样的结果。按正向顺序放映时，画面显示为面无表情的Max因看到了枪手举枪而露出了满意的笑容，观众会由此推断手枪的枪口一定正对着Max的某位宿敌；而反向播放画面的结果则意味着：因为面对着枪口的缘故，Max的表情由轻松转而变得僵硬。当然，以上的试验是一种比较极端的情况。而在更多的情况下，尽管顺序的改变不一定会导致完全相反的意义解读，但通常会起到加强或减弱艺术表现力的作用。还以电影为例，当导演编排一个故事的时候，如果采用平铺直叙的方式安排情节，就会使人感到平淡无奇。但如果采用插叙或倒叙的手法对故事进行演绎，影片就会显得更加生动有趣。

在这一方面，建筑空间与电影作品有着很多相似之处。在中国传统院落的空间布局中，往往由一组内向封闭的院落连缀而成，这些院落的组织通常是依据人们进入的先后顺序进行安排的。以北京的紫禁城为

例（图2.2.2a～2.2.2c），从天安门前狭长的千步廊开始，到午门前的几进相对窄长的院落组合，形成了正式进入紫禁城前的空间铺垫，并通过长、短、长的进深和空间比例变化形成张弛有度的空间节奏感。如果我们把紫禁城的整个空间序列比喻成一部交响乐，那么午门前的这一系列空间则可以被称作是其中的序曲和两个章节。它使人们在进入紫禁城之前尤其是

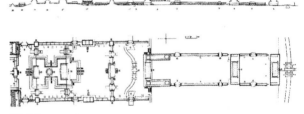

图2.2.2a

图2.2.2b

图2.2.2c 北京紫禁城在空间上的序列性安排

图2.2.3 北京天坛全景鸟瞰照片

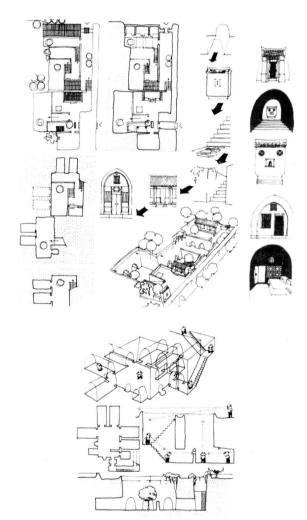

图2.2.4 中国西北窑洞式传统民居的空间序列安排

站在午门外时，能够足够强烈地感染到帝王所特有的威严气势和令人压抑的环境氛围。在午门之后，空间序列进入了一个相对开阔的区域，以弧形水系形成的带有风水隐喻特征的庭院空间再次形成一个过渡，使得人们对空间接下来的部分充满了期待。这更像是一个音乐的过门，一个短暂的休整，预示着空间高潮的到来。继续向里走，就进入了整个空间序列中最核心也是最重要的部分，即太和殿、中和殿、保和殿。作为帝王处理朝政、举行重要仪式及其间短暂休息的场所，三大殿虽然功能有所区分，但仍以一组整体性的建筑群形象伫立于主院落的中央。太和殿规模庞大、气势恢弘，加之被三层基座高高抬起于地面，使人不由得为之震撼。这种震撼的力量显然不仅仅是太和殿一个单体建筑就可以产生的，而是从千步廊开始的整体空间序列对环境气氛不断铺垫和烘托的结果。此外，包括天坛等在内的很多中国古代的皇家建筑群都有着相似的空间布局（图2.2.3）。

在那些非仪式化的生活空间中，空间的序列安排对于调节人们的心理以及营造居住的氛围同样重要。中国西北窑洞式传统民居的空间序列安排同样有着丰富的层次变化，人们从入口开始最终进入到每一个居住房间的过程中，空间时而宽阔时而狭窄，时而开放时而封闭，时而室内时而室外，光线也随之出现或明或暗的变化。在这一过程中，人们不知不觉完成了从

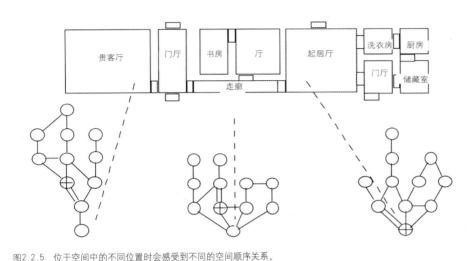

| 贵客厅 | 门厅 | 书房 | 厅 | 起居厅 | 洗衣房 | 厨房 |
| | | | 走廊 | | 门厅 | 储藏室 |

图2.2.5 位于空间中的不同位置时会感受到不同的空间顺序关系。

外部比较恶劣的自然环境过渡到自家比较舒适的居室空间的心理变化（图2.2.4）。此外，当人们从一组空间序列的不同位置上进入并开始空间体验时，所感受到的整体空间关系也有所不同。这很像文学或电影中顺叙、插叙或倒叙等不同的叙事方式所产生的效果的差异（图2.2.5）。

第三节 ///// 空间的方向性

由于空间的形状、限定方式、围合程度、组合关系等的不同，使得人们在空间中的感受和行为总是受到不同的暗示和引导，从而呈现出或强或弱的方向性特征。通过对空间方向的把握和驾驭，可以有效地引导人们在空间中的活动，从而强化某种既定的空间目标。

与此同时，对于空间方向性的感知有助于人们在空间中对自身所处的方位进行确认，在增加空间的秩序感和识别性的同时，帮助人们加强对于空间的记忆，这一作用在较大尺度的城市空间和比较复杂的建筑综合体中显得尤为重要。

此外，由于人的原因，使得空间相对于人而言存在着上与下、前与后等相对的方向感。这一相对的方向特性使得空间入口的方向和位置变得极为重要，它决定了人们进入某一空间时的初始方向。因此，对于空间入口位置和方向的安排将会影响到空间固有的方向性最终得到加强还是减弱。

空间的方向性可能由于多种原因而产生，其中包括：（1）人距离空间围合体的远近不同所产生的领域感的变化；（2）具有吸引力或标志性的构筑物或形象会形成强烈而明确的空间方向性；（3）空间形状所具有的几何方向性；（4）空间实体与开口的位置关系所形成的对视线和行为的阻挡或诱导；（5）多空间之间所形成的中心与边缘、线性串联等具有方向性的空间组合；（6）空间外部的环境因素与空间内部的相互关系会对空间形成方向性的引导。

1.人通常会随着距离空间围合体的距离变化而形成领域感的强弱差异，这种微妙的差异就会形成具有方向性的空间感受。正像因气温不同所造成的气压差会引发风的形成一样，领域感的强弱变化同样可以形成空间的方向感（图2.3.1）。

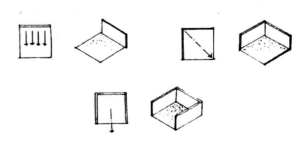

图2.3.1 与空间围护体之间的距离变化会形成领域感的强弱差异

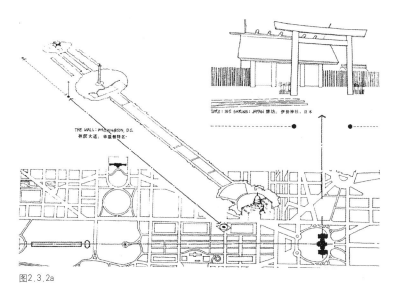

图2.3.2a

图2.3.2c

图2.3.2b 标志性的构筑物或雕塑会形成比较强烈的方向性联系

图2.3.2d

2.具有吸引力或标志性的构筑物或形象会直接作用于人们的视觉，形成强烈而明确的视觉焦点，与线性的空间要素相结合，就会形成比较强烈的方向性引导（图2.3.2a～2.3.2g）。这种空间的布局方式在很多受法国古典主义城市设计思想影响的西方城市中多有应用，而中国传统园林中的对景手法则是在小空间中通过视觉引导空间方向的典范。

3.空间几何形状的不同使得空间具有不同的方向性特征。以形状规则的几何体空间为例，平面为正方形的六面体空间，沿其两组平行的边长方向自然形成了两个空间的方向，由于边长相等使

图2.3.2e 阿尔罕布拉宫（Alhambra Palace）室内与庭院之间通过线性的水景观形成紧密的相互联系

图2.3.2f 大卫·琼斯(David Jones)的景观艺术作品中的火沟给人们的视线以强烈的指引

得这两个方向的强度是均衡的；平面为长方形的六面体空间虽然同样有着两个相互垂直的方向，但由于两个方向长度的差异使得空间的长度方向成为了空间的主导方向（图2.3.3a~2.3.3b）；平面为圆形的柱状空间则包含了沿着半径和圆周的两个基本的空间方向（图2.3.4a~2.3.4b）。此外，当空间具有相当的高度时，空间在垂直的方向上则同样会形成较强的指向性。而当空间的形状不规则时，则可能呈现出多样而复杂的空间方向和空间关系（图2.3.5a~2.3.5b）。

4.空间实体与开口的位置不同同样可以形成空间的方向感。空间围合的实体部分会对人的视线形成阻挡，而开口部分则会形成视线的引导，从而可以提示出人们在空间中活动的路线和方式。由于空间实体与开口的位置具有很大的设计灵活性，并且可以很大程度地改变空间的方向感，因而成为设计师经常采用的基本的空间设计手段（图2.3.6）。

5.两个或多个空间之间由于相对多样的空间关系会呈现出比较复杂的空间方向感。在集中式和辐射式的空间组合方式中，空间会形成从中心到边缘或从边缘向中心的基本的方向性。而在多个空间形成的线性空间组合中，空间的方向性往往是与空间序列的顺序方向相一致的（图2.3.7~2.3.8）。

6.空间不是孤立存在的，一个空间除去会与相邻的其他空间产生关联之外，还会与更大范围的周边环境产生联系，其中很重要的一点就是空间与日光的关系（图2.3.9a~2.3.9b）。一个在南北方向上完全对称的规则空间在日光的照射下，会产生出完全不对称

图2.3.2g 从火车站通往悉尼奥运会主场馆的道路一侧，色彩斑斓的地面装饰带指引着人们行进的方向（Aspect设计工作室/Aspect Studio）

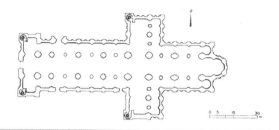

图2.3.4a

图2.3.3a

图2.3.3b　矩形空间具有主次两个基本的方向

图2.3.4b　圆形空间有着指向圆心和沿着圆周两个基本的方向

图2.3.5a 多样的空间关系会呈现出比较复杂的空间方向感（丹麦哥本哈根皇家图书馆，Schmid，Hammer and Lassen建筑师事务所）

图2.3.5b

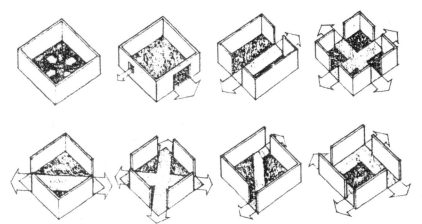

图2.3.6 空间实体与开口的位置不同可以形成空间的方向感

的空间感受。空间南侧接受太阳直射的区域与空间北侧漫射光的区域会形成强烈的明暗差异，从而打破了空间自身的对称性，形成了完全不同的空间方向感。在中国传统的风水理论中，理想的村落选址就是在充分考虑场地与阳光、山系和水体关系的基础上进行的，在自然环境因素的决定下呈现出明确的空间方向性。

图2.3.7 空间组织的序列关系往往也意味着空间的方向性

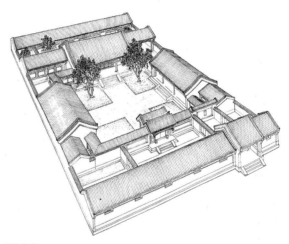

图2.3.9a

图2.3.8

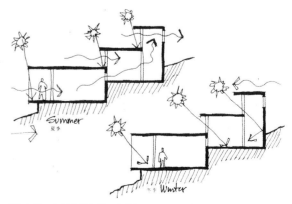

图2.3.9b 与阳光等自然因素的相互关系决定着空间的方向和方位

第四节 ///// 空间的可变性

多数情况下，人们在空间中的活动是模糊和复杂的，即使在空间的使用功能相对明确的情况下也是如此。随着时间的推移，人们对于空间使用的方式和对环境的期望更是会不断地发生变化，有些变化甚至是十分剧烈的，正所谓"唯一不变的是变化本身"。人们对于空间不断变化的内在需求决定了空间需要以某种更加灵活的方式加以适应。而与此同时，可变的空间组合方式

也给身处其中的人们以非常特别的空间体验。

简单而言，空间构成的任何一个基本要素如果发生显著变化往往都会引发空间状态和人们对于空间感受的相应变化。具体而言，当对围合空间的实体进行旋转、推拉和折叠时，空间会因为边界的灵活可变而使得适应性大大提高。它既可以满足在不同情况下对空间进行多种分隔使用的要求，也可以使得同一空间在不同的状态下完成开放与封闭之间的灵活转换（图2.4.1~2.4.5）。此外，把空间安装在轮子上进行移

图2.4.1a

图2.4.1b　日本Fukuoka集合住宅中可旋转的"门"和"墙壁"使得相邻房间既可以彼此分开也可以相互联通（斯蒂文·霍尔/Steven Holl）

图2.4.2a

动也不失为提供空间灵活性的一种可行方式。日本建筑师坂茂(Shigeru Ban)在他曾经搭建的一座乡间住宅中，就是通过四个可移动的和式空间单元满足了一个五口之家对于"既可以找到属于自己的不同的活动空间，又能随时感受到大家庭的氛围"的貌似相互矛盾的居住要求（图2.4.6a～2.4.6c）。中国香港设计师张智强设计的"手提箱"住宅在空间可变性方面的尝试也给人以很多启发，该作品通过可开启的地板、推拉隔断、升降楼梯等一系列手段拓展了可变空间的各种潜力（图2.4.7）。

图2.4.2b 纽约艺术和建筑展廊外立面可旋转的"墙壁"使得空间可以在封闭与开放之间转换（斯蒂文·霍尔/Steven Holl）

图2.4.3 "可以旋转的房子"为人们提供了多种使用的可能

图2.4.4 街头可开启的报亭满足了空间不同的开放度要求

图2.4.5a

图2.4.5b

图2.4.5c 集装箱咖啡店除去提供空间的灵活性之外，还创造了特别的空间趣味

图2.4.6a

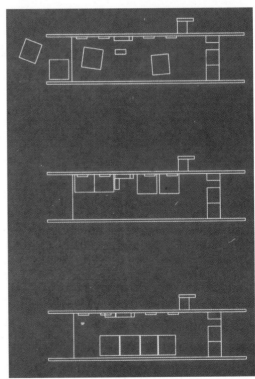

图2.4.6b 四个可移动的和式空间单元满足了一个五口之家貌似相互矛盾的居住要求（坂茂/Shigeru Ban）

图2.4.6c

由于光对于人们在空间中的感受有着极为重要的影响，因而也是形成多变空间感受的简便易行的调节方式。美国著名建筑师理查德·迈耶对自然光线色彩的关注甚至对其内部空间的色彩选择产生了决定性的影响。作为"纽约五人"中的一员，迈耶在设计作品中始终钟情于对白色的偏爱。他认为白色可以最好地呈现出一天中自然光线的色彩变化。在他众多的作品中，很多是通过小面积涂以鲜艳色彩的空间构件与大面积的白色墙身进行对比并置，以此提示出表面上看来极为纯净的白色空间所暗含着的丰富的色彩内

图2.4.7 "手提箱"住宅，北京"长城脚下的公社"　（张智强／Gary Chang）

容。在相对封闭的空间中，人工光环境对于空间性格和氛围的塑造更具有决定性的作用。在下面的居室案例中，不同的照明方式和不同色彩的人工光的运用可以使得同一个空间呈现出或明朗或阴郁、或温馨或冷酷等截然不同的空间性格，而所有需要做的只是调节一下开关旋钮那么简单（图2.4.8a～2.4.8b）。

图2.4.8a

图2.4.8b 光线的变化可以很容易地改变空间给人的感受

第五节 ///// 空间的公共性与私密性

从某种意义而言，空间的公共性与私密性是人与人之间的社会关系在空间上的投影，空间的开放与封闭、联通与隔绝反映了人与人、个体与群体之间内在的社会组织和交流方式。传统的由很多相互隔离的小房间组成的办公模式与在大空间中开放式办公的空间模式显然意味着不同的公司架构和组织关系。前者由于各个房间的相互隔离使得人与人之间的关系也变得相互疏离，而后者则有助于增进人们彼此间的交流。前者强调个人的独立性，而后者则鼓励相互的协作精神（图2.5.1）。

空间的公共性与私密性是相对的。以一栋集合式住宅为例，每一个居住单元内部的所有房间相对于公共门厅和通道而言都属于私密空间，而公共门厅和通道则更具有公共属性。然而在一个居住单元内部，各个房间之间仍然存在着公共性和私密性的差异。一般而言，起居室是一家人共同起居生活和交流的场所，而卧室则是家庭成员单独睡眠的空间。相比之下，前者在家庭生活中更具有公共性和开放性的特征，而后者则对私密性有着更高的要求。

一般而言，由某一个人所有或主宰的空间可以被

图2.5.1 Raika总部办公楼中开放式办公空间既给每个人提供相对独立的工作区域，又鼓励人们之间的交流（安藤忠雄/Tadao Ando）

看做是比较极端的私密空间（比如住宅中的卧室），而为大量不确定人群使用和占据的空间则有着较强的公共属性（比如公共建筑的门厅、城市的广场和街道）。在现实当中，大多数空间的性质处于以上两种极端的空间状态之间，兼具公共性与私密性。在某些情况下，其公共属性占据主导，而在另一些情况下，又被作为私密空间来使用。我们称这样的空间为"半公共"空间或"半私密"空间。显然，空间的公共性

和私密性不是绝对的，但可以根据程度将其划分成不同的等级。人们对空间的领域感和认同感的强弱往往是区分空间公共性等级的依据，它也是不同人群对某一空间占据和控制程度的反映。很多成功的设计案例就是根据人们的行为心理，在城市的公共空间到个人住宅的私密空间之间设置了多层次不同等级的公共和半公共空间，从而很好地调节了空间的尺度关系和人们对空间归属感和领域感的心理预期（图2.5.2）。

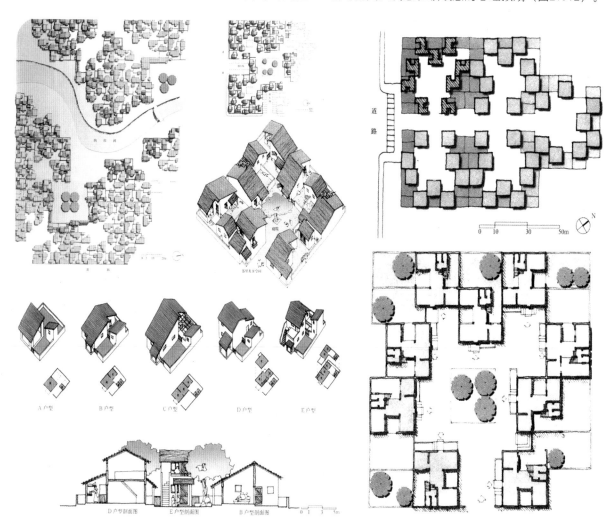

图2.5.2　查尔斯·柯里亚（Charles Correa）在新孟买的贝拉布尔低收入居住社区中安排了不同等级的公共活动空间，形成了从每一个居住单元向城市公共空间的逐渐过渡

空间的公共或私密程度还与空间是
否易于被发现以及空间是否易于进入有
着密切的关联。在中国江南一带比较大
型的传统院落式住宅中，内部家眷和外
部客人的活动区域是被严格区分开的。
外部客人只被允许进入前两进院子，接
下来的院落则是家族内部人员活动的空
间。主人的卧室尤其是女儿的闺房一般
是设在二楼，需要通过狭窄而陡峭的楼
梯才可到达。站在二楼透过图案繁复的
窗棂和栏杆可以窥视楼下院子里发生的
一切，而置身在一楼的院落之中人们很
难意识到二楼另一个世界的存在。就这
一点而言，空间的公共或私密性往往与
空间的开放和封闭状态密不可分。当空
间越开放时，意味着人们可以更自由地
选择进出其间，空间的流动性也越大。
反之，空间越封闭则会给人们进入其间
设置更多障碍，人们不仅难以发现空间
的入口，有些情况下甚至很难意识到空
间的存在（图2.5.3）。此外，空间是
开放还是封闭往往对人们的心理形成或
欢迎或拒绝的空间暗示，从而对空间参
与者的行为和感受产生影响。

图2.5.3　北京传统的胡同和四合院的封闭性特征决定了住宅空间的高度私密性

第六节 ///// 空间的识别性

　　能够将存在差异的视觉形象加以分辨是人类的本
能，而进行辨别的基础是人们对于视觉形象的记忆。
显然，事物的形象特征越是突出就越容易给人留下深
刻的印象。这一规律同样适用于人们对空间的辨认和
记忆。在沙漠和森林中行走人们很容易迷路，就是因
为在不熟悉当地环境的人看来，尽管身边的场景随着

人的移动在不断地发生变化，但始终很难找到不同于
周围环境且有着显著特征的标志物来帮助记忆和辨认
方向。

　　千篇一律的城市建筑同样会导致人们在城市街道
中迷失。苏联著名的喜剧电影《命运的捉弄》就是以
早期工业化体系下建成的标准化的社区和住宅为背景
而拍摄的。影片描述了一个人因为醉酒而糊里糊涂地
坐上了飞往另一个城市的飞机。但令人惊异的是，主

人公在错误的城市中居然找到了名称和形象都和原来所在城市完全相同的街道、住宅楼和房间，甚至连房间钥匙都是通用的，以至于主人公开门进入房间后仍然浑然不觉，倒头便睡，最终闹出了一系列令人捧腹的笑话。当然电影作为艺术创作其表现的手段比较夸张，但却也很好地说明了空间如果丧失特色、缺乏可识别性将会给人们的生活带来怎样的烦恼和困惑。

凯文·林奇曾在《城市意象》一书中记录了大量的问卷调查，其中要求被调查者绘制的空间意象地图给这一领域的研究以极大的启发。大多被调查者在一定的引导下凭借记忆所绘制的空间意象地图与真实的场地存在着很大的出入，但却反映了真实空间在他们头脑中留下印象的强弱程度。那些有着强烈视觉特征的道路、街道拐角和建筑物在被调查者的意象地图中占据着显著的位置，而有些实际上面积很大的区域因为缺乏可供记忆的鲜明形象，反而在人们的头脑中显得模糊不清，甚至被很多人完全忽略。经过对调研结果的分析和研究，凯文·林奇总结出了对空间进行定位与识别的几个重要的元素，其中包括：节点、路径、标志、边界和区域（图2.6.1～2.6.3）。

这一结论不仅适用于大尺度的城市空间，对于比较复杂的建筑综合体的内部空间同样适用。人们身处空间形象缺乏差异性的大型建筑体的走廊中时，往往很容易迷失方向。尽管有着大量的路牌和平面指引系统，人们仍然难以找到想要去的房间。然而，一些具有特别形象特征的中庭空间往往会给人们留下较为深刻的印象，并且成为辨认方位的基点（图2.6.4a～2.6.4d）。这是因为在辨认空间方位时，人们本能地首先凭借的是对空间的印象和记忆，其次才是借助路牌和标志系统的帮助。

空间所具有的可识别性除了帮助人们对空间方位进行辨认这一实用性的意义之外，还对于增加空间特色、提升环境品质有着极大的帮助。人们基于空间特色所形成的对场地的愉悦感和自豪感，有助于空间

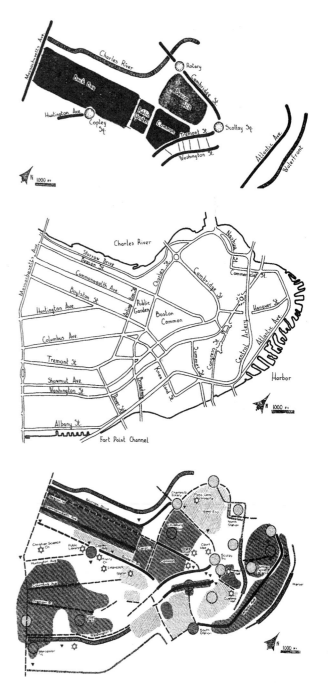

图2.6.1　城市真实的道路和广场地图与人们凭借记忆绘制出来的城市地图有着很大差异（凯文·林奇／Kevin Lynch）

图2.6.3 赫尔辛基火车站的尖塔是赫尔辛基城区中心的重要标志
（伊利尔·沙里宁/ Eliel Saarinen）

的使用者们形成此处有别于他处的归属感和相互的认同，对促进个体、群体和场地之间的交流和互动，形成具有积极意义的场所精神至关重要。因为往往当人们对空间的感觉和体验发生差异和变化的时候，才会意识到空间和场所的存在。而真正引发人们兴趣的，也正是那些有着独特环境魅力并能够对人们的行为产生积极影响的场所空间。游乐场可以说是这方面的一个特殊的代表，在这里孩子们会尽情地嬉戏，甚至连成年人都会进入非常放松的状态，通过在这一特定场所的行为就可以反馈出人们对于环境的认同。

图2.6.2 雅典卫城无疑是雅典中心城区的标志，人们可以通过与卫城的相对关系来辨认方位

图2.6.4a 对空间的辨认和记忆是在空间中进行定位的重要依据
（Perkins & Will建筑事务所）

图2.6.4b

图2.6.4c

图2.6.4d

第七节 ///// 空间体验与空间分析训练

在现实生活中提取不少于两处（室内、外各一处）被界定的空间，在对其进行观察和体验的基础上，对该空间内部及其与周边空间之间关系的角度进行综合的分析和评价（图2.7.1a～2.7.1d）。主要依据以下线索：

1. 对空间最深刻的印象以及整体的感受；
2. 空间的形状、比例和尺度；
3. 限定与围合方式以及界面对于空间的影响；
4. 开放性/封闭性、方向性以及可识别性；
5. 空间序列关系及其组织方式。

成果要求：

以图式和文字相结合的方式进行综合表达，可选择借助平立剖面简图、速写、现场照片、轴测图等表达方式。A3复印纸2～4页。

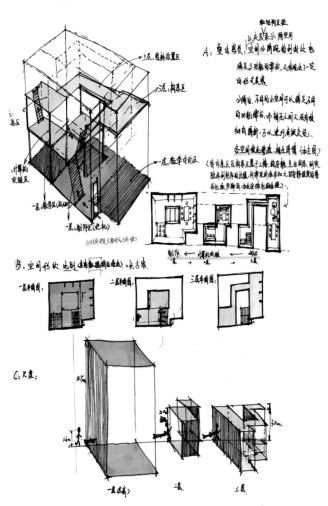

图2.7.1a 空间分析练习（作者：张雪娟）

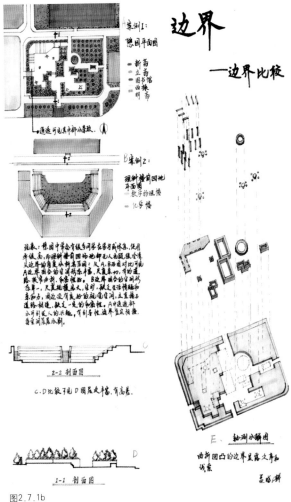

图2.7.1b

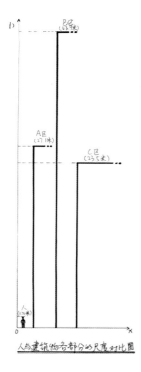

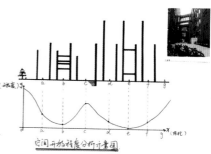

当人穿过中柱通道时，会因该空间围合物形态的变化而产生不同的心理感受。

由于通过空间的宽度基本不变，因此给人造成不同影响的因素主要集中于纵向的尺度变化。

人穿过干道的空间尺度示意图

显然，建筑物高大耸立，人站在建筑物脚下显得十分渺小，相伴而来的是恐惧、压迫之感。为了尽可能减弱这种感受，两高大界面之间留有足够的距离，通过这种有意识的放大尺度，不仅压迫感被减弱，而围使"狭长"的空间更显大气、开放。此外，两侧建筑之间贯通的连廊在空间中形成了"灰空间"，刻意地构断了垂直方向的空间延伸，人通过此处会产生安全、稳顿的感觉。

空间开敞程度分析示意图

随着人的通过，由于空间围合方式变化而引起的空间开敞程度也发生着变化。空间气氛对人的影响也随之有着普遍变化。该空间的界面多为实墙，给空间的围合增加了紧凑感的同时也带给人们封闭、保守的印象，而在垂直方向的界面高度变化上，空时而开敞时而相遮避的变化让本身单调的空间充满了节奏的跳动感。

空间形态依据空间所传达出的方向性而定。而空间的方向性一定程度决定人在空间中的流动方向。这里由于围合方式的不同，给原本较为类似的空间带来了不同的方向指引。

人流空间活动指向图

图2.7.1c 空间分析练习（作者：丁点点）.

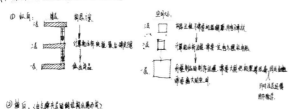

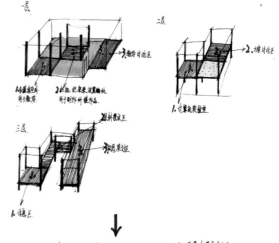

图2.7.1d 空间分析练习（作者：孟晓静）

「_ 第三章　空间的基本构成要素」

　　本章重点：1.了解空间的基本构成要素；2.体会空间要素对于调节和改变空间感的影响。

　　本章难点：1.对空间尺度的理解；2.体会光对于空间的影响。

第三章　空间的基本构成要素

前面的章节我们较为系统地介绍了空间的基本概念和基本性质。在初步建立了对于空间基本认知的基础上，本章我们将通过更多的空间案例从单一空间的构成要素开始，比较系统地分析空间构成的各个要素如何影响到空间的各种属性，以及人们身处其中时感受的差异。有关空间的基本性质是空间所呈现出来的性格结果，而接下来我们的重点就逐渐转移到创造与生成空间的具体方法上来，并尝试通过对丁空间要素的改变和调整进而改变人们心理感受的可能方法。构成和影响空间的主要因素包括：空间的形状、空间的尺度、限定与围合空间的方式和程度、空间出入口的位置与路径、构成空间的界面性质（包括界面的形式、色彩和质感等方面），以及光与空间的相互作用等。我们接下来就对以上这些内容分别加以讨论。

第一节 ///// 空间的形状

形状是指一个图形的外边缘或一个实体的外轮廓。而就空间而言，其形状则是指虚空部分的外轮廓，或者说是包裹虚空的围护物的内部轮廓。空间形状越简单则越容易被辨认，其空间性质也越单纯越明确。反之，空间形状越复杂则其轮廓和边界越是模糊不清，空间也就越具有不确定性（图3.1.1）。

不同形状的空间由于其空间性质不同，带给人们的空间感受也就不同。正方形空间给人感觉具有一定的向心性且很均衡平稳，而长方形空间则存在着长边和短边两个不对等的方向。相比之下，沿长边的方向感更为强烈，往往也更为重要。因此在长方形的教室或会议室中，人们习惯将讲台和主席台放在房间的短边一侧，以顺应长方形空间内在的方向性。三角形空间中因为锐角和倾斜面的出现，从而打破了矩形空间的稳定性，加强了空间内部的紧张感和运动感（图3.1.2）。由曲线和曲面形成的空间，因为曲线的视觉连续性而使得空间整体具有了连续和流动的特性（图3.1.3~3.1.9）。

当身处一个形状比较复杂的空间中时，人们站在空间的不同位置上会有着完全不同的感觉。以下

图3.1.1　西班牙毕尔巴鄂古根海姆美术馆
（弗兰克·盖里/Frank.O.Gehry）

图3.1.2 带尖角形状的空间给人以内在的紧张感

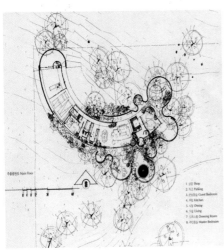

图3.1.3 考克斯住宅（威廉·布鲁德／William.P.Bruder）

图3.1.4 荷兰因特博里斯保险公司的办公空间，连续的折线形隔断给人以灵动多变的空间感受（NL建筑师事务所／NL Architcets）

图3.1.5 芬兰Kiasma当代艺术博物馆
（斯蒂文·霍尔/Steven Holl）

图3.1.6b

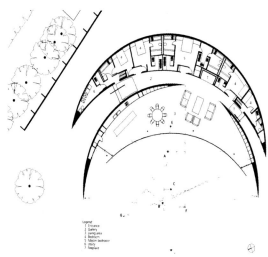

图3.1.6a "新月"住宅（肯·沙特沃斯博士/
Dr．Ken Shuttleworth，Architect）

图3.1.6c

图3.1.6d

图3.1.7 英国皇家芭蕾舞学校连接教室区和舞台表演及行政区的"旋转"天桥（威尔金森·艾尔建筑师事务所/ Wilkinson Eyre Architects）

图3.1.8 步入式雕塑作品的内部空间（艾伦·帕金森/ Alan Parkinson）

图3.1.9

图为例（图3.1.10），画面中左侧的空间比较规整也比较平缓开阔，适于人们停留交谈。而画面右侧的空间比较狭窄高耸，且有楼梯穿插其间，使得空间的轮廓和边界都比较模糊，给人以不稳定的感觉，因而人们在该区域很难长时间停留下来。

应该注意的是，相同形状的空间与水平面之间的角度不同就会呈现出完全不同的形状。比如同样的一个六面体空间，与地面平行放置和与地面成角度放置，对于人们的感受会截然不同。前者是人们比较熟悉的空间状态，感觉非常平稳。而后者则很不寻常，充满了动感。造成这一差

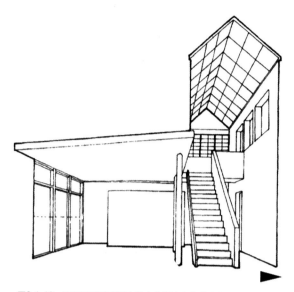

图3.1.10　不同形状的空间会潜在地影响人们身处其中的行为

图3.1.11　矩形空间因为和地面之间的角度不同而呈现出非常不稳定的状态

异的原因是空间形状与自然重力以及人的行为方式之间的关系有所不同（图3.1.11）。从外部观察空间的外部形态时这种不平衡感更容易被感受到，而在空间

内部虽然有着很强烈的不稳定感，但却不容易感受到空间整体的形状。

第二节 ///// 空间的尺度

　　尺度，顾名思义就是用"尺子"去"量度"。"空间的尺度"因此可以理解为，人通过用"尺子"对空间进行"度量"后，形成的对空间大小的感知和判断。显然，这里的"尺子"并不是指一般意义上有着刻度用来测量的标尺，这里的"量度"显然也不是真的去实际测量。经过仔细地观察和体会我们就会发现，当人们试图感知空间和形体大小的时候，往往通过两种基本的途径。其一，当被感知的空间或形体并不十分巨大且与人的距离也比较接近时，人们往往可以通过直观的感受对空间或形体的高低、大小形成非常直接且相对准确的判断，而判断的基础则是人与被感知的空间或形体之间相对的高低、大小关系。其

二，当被感知的空间或形体十分巨大或与人之间的距离比较疏远时，由于人很难在自身与空间或形体之间建立起直接的联系，因而会对空间和形体的高低、大小失去感知和判断的能力。在这种情况下，人们往往是利用空间中的各种形式元素当做"度量"的标准，以此作为对空间和形体的大小进行感知和判断的依据。

　　显然，"尺度"的概念不同于"尺寸"。"尺寸"仅仅指的是距离或大小的绝对数值，并没有直接反映出用于度量的"尺子"与被量取物之间的相互关系。"尺度"则正好相反，它关注的恰恰是人与空间和形体、空间和形体的局部与整体之间相对的大小关系，可以说"尺度"是一个建立在相互关系上的体系或系统。就这一点而言，"尺度"都是相对而言的，

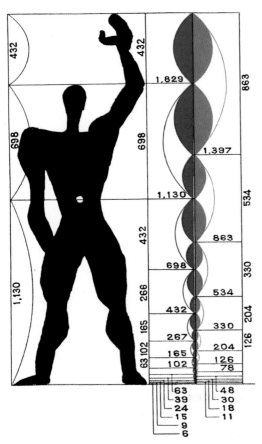

图3.2.1 勒·柯布西耶（Le Corbusier）在设计中所遵循的人体尺度

图3.2.2 人——"度量"空间大小的基本的"标尺"

只是因"度量"的基本"标尺"的不同而有所不同。

在第一种情况下，我们是以人体自身的尺寸作为"度量"空间和形体大小的基本依据，我们称之为"人体尺度"（图3.2.1）。尽管不同地域不同种族的人们有着不同的人体尺寸，但相对而言，人体尺寸是一组相对确定的数据。因此，直接以人体尺寸去"量度"和感受空间的大小，所得到的相对于人体的空间感觉是人感知空间的大小的基本途径。需要注意的是，在同一个空间中儿童对空间大小的感觉显然不同于成人，这是因为"度量"空间的"标尺"不同导致

的（图3.2.2）。关于这一点，我想每个人都会有过相似的经历：那些儿时嬉戏过的幼儿园和游乐场在我们的记忆中曾经是那么的高大、宽阔，但当我们长大后有机会再回到同一地点时，一定会对眼前"被微缩后的景观"的真实性提出质疑。在动画片《尼尔斯骑鹅旅行记》中，当尼尔斯意外变小之后，他眼中的世界也就随之发生了戏剧性的变化。房间的天花板变得遥不可及，房间里的桌子腿和椅子腿则变成了一根根难以攀爬的"擎天巨柱"。因此，在设计主要供儿童或包括残障者在内的特殊人群活动的空间时，就需要我

们特别考虑人体基本尺度上的差异。

在第二种情况下，我们把空间中的某种形式元素当做对空间和形体的大小进行"度量"的基本标准，在这里因为没有人的因素介入其中，我们姑且称之为"非人体尺度"。在这一尺度系统中，反复出现的某种形式单元往往会成为"量度"空间和形体的重要"标尺"。在实际的空间之中可能会存在多个反复出现的形式单元，这些形式单元如果能够依据彼此的大小尺寸形成不同的等级关系，就可以组成一个井然有序且细部层次丰富的尺度系统（图3.2.3、3.2.4）。

一般而言，空间中的某些构件或元素与人体尺寸有着极为密切的对应关系（比如栏杆、家具等），我们也会凭借日常的经验在潜意识里把这些空间构件或元素视为人体自身尺度的延伸，并以此对空间进行尺度上的判断（图3.2.5）。但这样做的前提是，这些栏杆和家具需要具备与人的舒适使用相匹配的恰当尺寸。在一些情况下，我们正是利用人们的这种习惯性的经验，通过改变那些人们熟知的空间构件的实际尺寸，去"欺骗"人们对空间大小的感觉。

空间与人之间的尺度关系除去可以帮助人们感知空间的高低大小之外，还从很大程度上影响人们身处

图3.2.4 对建筑和空间的表面进行划分的基本的细部单元决定着形体和空间的尺度感（联合海湾银行大厦／SOM建筑师事务所）

图3.2.3 对建筑和空间的表面进行划分的基本的细部单元决定着形体和空间的尺度感（莫德住宅／Arquitectonica建筑师事务所）

图3.2.5 人以及与人密切相关的栏杆、楼梯等空间构件可以帮助人们辨认出空间的大小（亚特兰蒂斯公寓／Arquitectonica建筑师事务所）

空间中感受到的舒适程度。当空间比较高大时，因为人体尺寸与高大的空间尺寸之间相差较大，使得人们身处其中会感到与空间的关系很疏离，缺乏亲切感。此时如果在空间中加入一些大小尺寸或安装位置介于高大空间与人体尺度之间的植物或者造型构件，就会在高大的空间和人之间形成一个很好的过渡，从而可以有效地调节人与空间之间的尺度关系（图3.2.6～3.2.10）。

图3.2.6 芬兰国家音乐厅低矮的门廊在高大的建筑物和人活动的空间之间建立起了亲切的尺度关系（阿尔瓦·阿尔托/Alvar Aalto）

图3.2.7 空间中的构筑物和造型可以起到调节尺度的作用（太平贝尔管理中心／SOM建筑师事务所）

图3.2.8 空间中的构筑物和造型可以起到调节尺度的作用（多伦多大学伍兹沃斯学院/KPMB建筑师事务所）

图3.2.9　灯具对空间尺度的调节（纽约伊斯兰文化中心/SOM建筑师事务所）

图3.2.10　植物对空间尺度的调节（米尔斯顿医疗大厦/SOM建筑师事务所）

第三节 ///// 空间的限定与围合

空间的限定方式与围合程度有着密切的关联和一致性，两者都涉及空间的构成形态对于人们空间的感受的影响。只是前者更侧重于从物质形态的角度对空间构成的可能方式，而后者偏重于探讨不同的空间形式将会给空间的性质带来哪些不同的结果。

1.空间的限定方式

（1）水平要素限定空间

地面的升高、降低或材质的变化，会使得一个区域与周边区域分别开来。该区域的底面与周边的高度差别和材质差异越明显，则由此而提示和限定出的空间也就越明确，越具有独立性。其中仅仅依靠地面材质的变化而限定出的空间最为模糊，仅仅是暗示性的。由于地面下沉而形成的空间，因为侧向墙面的出现使得该区域的限定与围合性最强，当下沉的深度比较大时尤其如此（图3.3.1～3.3.3）。

顶面的出现会因为它与地面共同形成一个空间体积，而使得该范围内有着比较强的空间限定感。顶面的大小、完整性和它与地面之间的距离关系会影响到

图3.3.1 升高的地面使得街心花园与周边的街道区分开来

图3.3.2c

图3.3.2a

图3.3.2d 下沉的地面可以很自然地形成可以停留且相对独立的空间

图3.3.2b

图3.3.2e 古希腊的圆形剧场大都利用下沉的层层阶梯环抱而成

图3.3.2f 美国越战纪念碑在倾斜的下沉空间的侧壁上镌刻出死难将士的名单（林美亚/Maya Lin）

图3.3.3 高低错落的地面对比可以形成丰富的空间变化

图3.3.4a

图3.3.4b

该空间限定的强度。一般而言，顶面与地面的距离比较近时，空间的限定性较强，反之则较弱。顶面的形式越完整实体性越强，由此而形成的空间也就越清晰明确（图3.3.4~3.3.5）。

图3.3.4c

图3.3.4d

图3.3.4e

图3.3.4f

图3.3.4g

图3.3.4h　各种形式的顶面处理可以很明确地限定出空间的存在

图3.3.5 顶面与地面不同的限定方式使得户外咖啡区的围合程度有所不同

（2）垂直要素限定空间

　　水平要素所划定的空间范围，其垂直边缘往往是暗示性的。而用垂直的形式要素，可以通过对视觉的遮挡更为直接地建立起一个空间的垂直边界。由此而形成的空间限定感更强也更明确。因此，它是限定空间体积以及给人们提供明确围合感的一种更为直接和有效的手段。

　　垂直的形式要素对于空间内外的视觉连续性有着比较直接的影响，决定着空间内外以及相邻空间之间关系的紧密程度。垂直要素可分为线性要素和面要素，依其位置和面积的大小而对空间限定的结果产生影响（图3.3.6～3.3.11）。

2.空间的围合程度

　　空间围合的程度，是由空间限定要素的形式和围护体开口的形状所决定的。一般而言，围护体的面积越大则空间的围合程度越强，反之则越小。开口面积相同的情况下，当开口位于空间的围护面以内时，空间的围合感最强，空间会保持最大程度的完整性。当开口处于空间围护面的边缘时，空间维护面的完整性

图3.3.6 垂直的线要素限定出的空间比较轻盈、通透

图3.3.7b

图3.3.7a

图3.3.7c 由连续墙体限定出的空间边界清晰、完整

图3.3.8

图3.3.9 片段的墙体在形成围合感的同时可以保持空间的开放性和连续性　图3.3.10

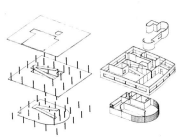

图3.3.11　萨沃依别墅的各个楼层采用了不同的空间限定方式（勒·柯布西耶/Le Corbusier）

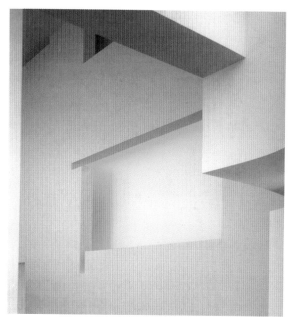

图3.3.12

将受到削弱，空间转角处的边界也会变得比较模糊，空间也会因此而变得更加开放。随着空间完整性的削弱，围护面的独立性反而得到了加强。当开口贯穿于两个或三个空间围护面之间时，被开口切割的相邻的围护面都会变得很不完整，很大程度上增加了空间内部的不稳定感。

可见，空间围合物开口的位置和空间完整度之间的关系，与中国传统围棋中"金角、银边、草肚皮"的基本法则非常一致。即在开口面积相同的情况下，将开口置于三个围护面相交接的角部时，对空间围合的完整程度破坏最大；将开口置于两个围护面的交接处次之；将开口置于一个围护面的范围内时影响最小。此外，空间围护面的面积越大、形式越完整则空间的围合程度也就越高。反之，随着空间围护面上洞口数量和尺寸的增加，空间就会逐渐失去围拢与封闭感，与相邻空间的视觉联系也变得越来越紧密。与此同时，人们的视觉重点会逐渐转移到围护面本身，而空间整体的完整性和独立性则变得越来越弱（图3.3.12～3.3.14）。

图3.3.13 墙面开口位置的不同可以显著影响空间的完整性（斯蒂文·霍尔/Steven Holl）

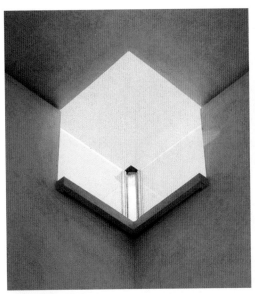

图3.3.14 墙面开口位置的不同可以显著影响空间的完整性（卡罗·斯卡帕/Carlo Scapa）

图3.3.15

图3.3.16

3.异型空间的限定与围合

在前两个部分中我们关于空间限定与围合的讨论是基于简单正六面体空间的假设。当空间的形状复杂多变时，空间的限定方式与围合程度就显得不那么清晰了。很多当代设计师正是希望通过寻找和创造空间的复杂性和多样性，来给人们提供特别的空间体验（图3.3.15~3.3.18）。

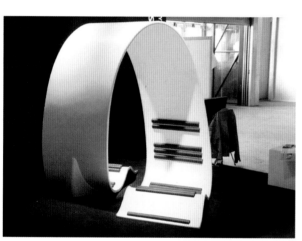

图3.3.17

图3.3.18　特殊的空间限定方式给人以特殊的空间体验

第四节 ///// 空间的表面——形式、色彩和质感

空间围护体表面的视觉特征对于空间感的影响也十分显著。这些视觉特征包括：表面的起伏、图案、色彩和质感等内容。空间界面的图案、色彩和质感的不同并没有改变空间的物理形状，但却可以影响人们在空间中的心理感受。换句话说，它改变了人们的心理空间，并没有改变真实的物理空间。因此，在实际的设计任务中，当一个房间的墙体已经不允许改变的时候，设计师仍可以通过对墙体表面的形式处理来达到某种设计效果和设计意图（图3.4.1~3.4.7）。

如果以表面平整光洁的白色墙面作为中性的参照对象，空间围护体的表面视觉特征越强烈，其作为空间围护物的实体感也就越弱，空间在此处的边界也会变得越发模糊不清（图3.4.8~3.4.13）。与此同时，该表面自身的独立性变得更强，更容易成为从空间中脱离出来的一个独立的视觉元素，而不是空间边界的一部分。根据表面视觉形式的不同，该界面会使人感到更靠近或更远离空间的中心。为了促成某一个墙面在空间中占视觉

图3.4.1

图3.4.2

图3.4.3　空间顶面的形式处理有助于减轻天花的重量感，同时增加空间的趣味性

图3.4.4

图3.4.6

图3.4.7 空间围护面的起伏和形状甚至可以改变空间整体的形状

上的主导地位，通常可以通过把它在形式、表面处理等方面与其他的墙面区别开来加以实现（图3.4.14～3.4.17）。

其中，界面的凹凸起伏和界面的质感之间有些相近之处。因为当凹凸起伏的图案大面积的布满墙面且达到一定的密度时，就会形成类似于肌理的感觉。但

图3.4.5 空间围护面的形式对于空间的围合感产生影响

图3.4.8 空间表面特殊的镜面材质使得空间的形状和边界变得模糊不定

图3.4.11a

图3.4.9 墙面和地面相互关联的图案使得由实体分隔出的空间关系发生了变化

图3.4.11b

图3.4.10 空间表面的非实体性使得人在进入空间时有如消失在空间中一样

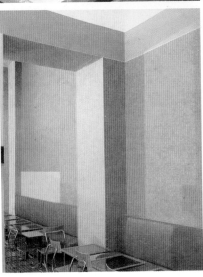

图3.4.11c 墙面强烈的色彩和图案改变了墙面原有的结构起伏关系和实体感

图3.4.12

图3.4.13 空间表面的图案和形态相结合对空间主题有着很强的表现力

相比之下，凹凸起伏的图案所形成的肌理一般会比较强烈，而且更强调造型性和设计感。而界面的质感则更倾向于对材质天然特征的表现，往往呈现出比较自然的面貌。材料的质感都存在触觉和视觉两种基本的类型。其中触觉质感是在人们触摸时可以真实感受到的质感，而视觉质感则是指人们通过视觉感知后，由过去曾经与之相似的视觉和触觉经验而联想到的材质感受（图3.4.18～3.4.21）。

空间界面的色彩对空间感觉的影响也很显著。我们仍以白色墙面作为参照，当界面色彩的明度较高且彩度较低时，即越接近于白色墙面时，空间的真实大小和边界就越容易被感知。当界面呈现比较浓烈的橘黄等暖色调时，界面会向空间内扩张，使得空

图3.4.14 纽约世博会芬兰馆中充满地方特色的材质和造型墙成为整个展厅引人注目的焦点（阿尔瓦·阿尔托/Alvar Aalto）

图3.4.15

图3.4.16

图3.4.17　空间中经过特殊处理的墙面会从空间中脱离出来，成为独立的视觉要素

间在感觉上会变得比实际上小；而当界面呈现比较浓重的冷色调时，则刚好相反，界面会向空间外隐退，使得空间在感觉上会变得比实际上更大（图3.4.22～3.4.28）。

此外，色彩和质感对于多个空间之间的组织关系也可以产生很显著的影响。它既可以帮助划分空间，也可以帮助空间保持更紧密的联系（图3.4.29～3.4.32）。

需要着重说明的是，除了对空间的大小、高低和位置等因素产生影响之外，空间界面的这些特征对于塑造空间的表情、性格和气氛的作用更为明显。暖色调的温暖和热烈，冷色调的冷静和忧郁，柔软材质的亲切感，反射表面的虚幻感，粗糙表面的质朴和光洁表面的华丽等都是空间界面带给空间的性格和表情。所有这些都是我们进行空间的情感表现和主题表达的重要视觉手段。尽管包括表面的起伏、图案、色彩和质感等在内的每一项视觉特征会对空间的性格产生各自的影响，但在实际的空间当中它们并不孤立，而是在相互的影响之中共同起作用的。关于这一点，在后面的章节中我们还会更详细地加以讨论。

图3.4.18a

图3.4.18b

图3.4.18c　户外园林利用修剪的植物分割空间，增加了空间的趣味性（阿尔罕布拉宫／Alhambra Palace,西班牙）

图3.4.19　细密的网格使得空间另一侧的人影晃动也成为了材料质感的组成部分

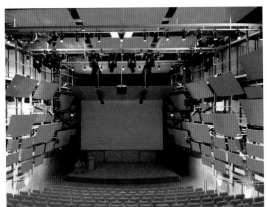

图3.4.22

图3.4.23

图3.4.20

图3.4.21织物的随意性营造出舞台布景式的空间氛围

图3.4.24 大面积的暖色调使得空间表面向内部膨胀，易于营造热烈的气氛

图3.4.25 冷色调使得空间边界趋于隐退并向外延伸，空间气氛神秘、忧郁而浪漫

图3.4.26

图3.4.27 强烈的色彩可以强化空间中某一部分边界的存在

图3.4.28 利用色彩的冷暖变化还可以形成空间的方向性引导

图3.4.29 每一个小房间虽然相互独立，但由于天花统一的木材处理强化了空间的整体性

图3.4.30 布置在地面的大幅地图烘托出了展览整体的主题和气氛

图3.4.31 地面图案的变化帮助空间区域的划分

图3.4.32 表面不同的材质和色彩处理加强了空间中各个区域的独立性

第五节 ///// 空间与光

我们的眼睛天生就是为观看光照中的形象而构成的。光与影烘托出形象……

—— 勒·柯布西耶

光在为空间内部提供足够照度的同时，还对塑造形体、刻画质感和营造气氛起着决定性的作用。光在表现形体和空间的同时也表现着自身，其艺术的表现力在与形体和空间的互动中得以呈现。光不仅是能量的来源，还有着创造特殊空间意义和独特空间体验的力量。

依据光源的不同，光可分为自然光和人工光两种

最基本的类型。在完全封闭的情况下和在夜晚时，空间都有赖于人工光照明。前面关于空间可变性的章节中曾引用的案例也充分说明了人工照明方式和色彩的变化对于空间性格可以起到的截然不同的影响。而本章节则更侧重于探讨自然光照与空间形态及其艺术表现力之间的关系。

我们知道，太阳的位置随着一天中的时间和一年中的季节变化而变化。这一特性使得自然光在室内空间中呈现出时间性的特征（图3.5.1a～3.5.1c）。通过对不同季节和朝向上清晨、正午和傍晚阳光在室内空间中的位置、强度和色彩的感知，我们可以建立

图3.5.1a

图3.5.1b

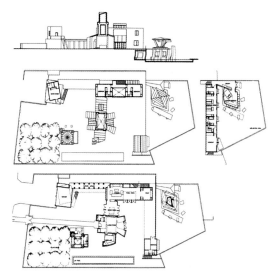

图3.5.1c　Schnabel住宅中多向度的采光方式使人可以感受到阳光的不断变化（弗兰克·盖里/Frank.O.Gehry）

起时间与空间方位之间的对应关系。"东方之光呈温暖的黄色，南方之光是明亮的白色，西方之光明亮耀眼，北方之光冷而含蓄。"就是玛丽·古佐夫斯基在《可持续建筑的自然光运用》一书中关于不同时间、方位的光线特征的生动描述。空间的形态只有与太阳光的光照特性相适应，才能借助自然光的力量将空间的艺术潜质充分表现出来。

　　空间围护面的形态不仅影响到空间的围合程度，还对空间的光照效果产生直接的影响。空间围护面上的开洞面积越大，空间也就越明亮，空间的通透性和开放程度也越高；反之，空间就越昏暗，空间性质也越趋于封闭和内向。空间围护面开洞的位置，还决定了空间对自然光的引入方式，进而影响到空间内部的光环境结果。在决定空间的光照效果时，洞口的位置和朝向，甚至比它的尺寸更为重要（图3.5.2～3.5.6）。

图3.5.2a

图3.5.3　位于芬兰坦佩雷的Kaleva教堂中高耸而狭长的开窗方式形成了室内戏剧性的逆光效果（瑞玛·皮泰拉/Reima Pietil）

图3.5.2b　奈尔森艺术中心利用实体间狭窄的缝隙控制自然光的进入，形成富于戏剧化的光影图案（安东尼·普雷多科/Antoine Predock）

图3.5.4a

图3.5.4b

图3.5.4c　天花造型与自然光相结合创造出富于趣味性的图案，活跃了空间的气氛（E.& L.Beaudouin建筑师事务所）

图3.5.5　光与实体所形成图案有着很强的艺术表现力（安东尼·普雷多科/Antoine Predock）

图3.5.6　自然光从墙面的缝隙处照亮了Viikki教堂主要背景墙面上的壁画，与室内漂浮于空中的点状灯具相互配合，形成了丰富的空间层次感（JKMM 建筑师事务所）

依据光照的不同要求，我们一般采用直接、间接与混合三种采光和照明方式。洞口朝向太阳光直接照射的方向开启就能够很容易地得到自然直射光线。直射光可以提供相当充足的采光，并且可以形成非常强烈的光照和阴影效果。但与此同时，直射光也会形成过于强烈的眩光等负面影响。在空间顶部或背向直射光的一侧围护面上开启洞口，以及利用朝向直射光照的墙面对空间内部进行反射的方式，都可以

图3.5.7　法国拉图雷特修道院室内的顶部采光（勒·柯布西耶/Le Corbusier）

图3.5.9　利用地面的缝隙采光可以产生特殊而神秘的气氛（卡罗·斯卡帕/Carlo Scapa）

图3.5.8　耶路撒冷大屠杀历史博物馆中的犹太教堂利用反射墙面间接采光（摩什·赛弗迪/ Moshe Safdie）

为空间提供更为间接的照明。在这种情况下，空间中的光线会比较柔和，形成较为均匀的漫射光照效果。直接照明对于表现形体的起伏和空间的立体感十分有效，而间接照明则对于营造或柔和或神秘的空间氛围很有帮助（图3.5.7~3.5.9）。

　　在实际的空间设计过程中，往往是结合空间的形态和布局，将多种照明方式加以混合使用来达到丰富而多样的光照效果。在形成明与暗的节奏变化过程中，烘托环境气氛，诠释空间主题。美国著名建筑师斯蒂文·霍尔(Steven Holl)在美国西雅图大学圣·依纳爵教堂的室内空间中，对空间外部的自然光线同样进行了创造性地诠释。在这里，自然光更多的是通过间接方式反射到室内空间里。间接的反射光线柔和而神秘，弥漫在整个教堂空间之中。在反射室外自然光线的过程中，建筑师使用了不同颜色的玻璃，使得进入空间中的光线呈现出多样的色彩，使得人们身处其中会自然地联想起传统教堂中令人惊叹的彩色玻璃花窗所带给内部空间的斑斓和迷幻（图3.5.10a~3.5.10c）。

3.5.10a 美国西雅图大学圣·依纳爵教堂（斯 3.5.10b
蒂文·霍尔/Steven Holl）

3.5.10c

第六节 ///// 空间构成的分项训练

课题1：单体空间的限定与围合训练（图3.6.1～3.6.15）

限定&围合

在6m×6m×3m（长×宽×高）的空间范围内，进行空间的限定围合练习。在保证实体部分与开口部分的面积比为2：1 的情况下（包含除地面之外的所有围护面），要求提供不少于五种方式进行限定围合的空间解决方案；在保证实体部分与开口部分的面积比为1：2 的情况下，要求提供不少于五种方式进行限定围合的空间解决方案。对所有方案进行比较，体会不同的空间限定方式对空间感的影响。

（1）最大限度地利用课题所给的空间范围；

（2）同时关注空间内与空间外的感受；

（3）在空间模型中按比例放入人的模型。

成果要求：

（1）最终实物模型6个（单色），模型比例：1：50；

（2）过程模型20个（单色），模型比例：1：100。

课题2：空间表面的替换训练

空间&表面

在课题1的基础上，尝试使用两种以上（含两种）的材质或色彩对空间的限定元素进行替换，并重新制作实物模型。体会材质和色彩变换前后空间内外感受的差异。

成果要求：

（1）最终实物模型4个（单色），模型比例：1：50；

（2）过程模型10个（单色），模型比例：1：100。

图3.6.1

图3.6.2

图3.6.3

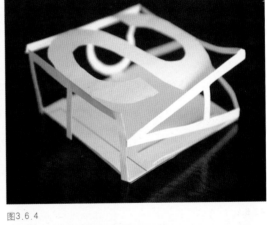

图3.6.4

图3.6.5

图3.6.6

图3.6.7

图3.6.9

图3.6.8

图3.6.10

图3.6.11

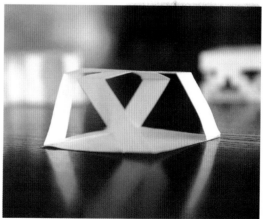

图3.6.12 单体空间的限定围合练习（作者：郭涛、侯涛、张璐）

第四章　空间的组织方式与
　　　　　空间意义的表达

本章重点：1.理解并掌握空间组合的基本方法；2.尝试通过空间组合关系实现对主题、情感和意义的表达。

本章难点：尝试通过空间的组合实现对主题、情感和意义的表达。

第四章 空间的组织方式与空间意义的表达

上一章我们逐项介绍了形成和影响空间的基本要素，但其内容侧重于单一空间的构成原则以及空间内外的相互关系。但在我们实际的空间实践中，往往存在着远为复杂的空间现象。在单一空间中，我们可以比较容易地通过身处空间之中的直接感受来体会空间的状态。而当面对由多个空间形成的复杂组合时，我们关注的重点就需要转移到空间彼此之间的关系上来。因而更多的情况下，我们会身处空间之外采取更为理性的方式对空间关系进行较为抽象的解析。但需要特别注意的是，对空间关系进行较为理性的分析是以身处空间中的感受为基础的。也就是说，当我们在分析空间关系时，首先需要体会人们在不同空间组合中运动时的感受变化，基于这些感受的变化才最终形成对空间之间的抽象关系的概括和总结。

本章的内容就是在对两个和多个空间之间的相互关系和基本组织方法进行初步的分析的基础上，探讨如何能够在复杂的空间组合之间建立起内在而紧密联系的方法，以便更好地满足空间的使用需求，实现空间设计的预定目标。此外，空间存在的价值和意义显然远不止于物质和实用功能的层面，因为空间从来都是人类寻求自身定位、宇宙关联和生存意义的媒介和纽带。也就是说，虽然依附于物质和现实，但空间的精神属性和情感意义才是空间最内在的价值体现。因此，我们将在空间的情感表现和对意义的传达方面进行一定的探讨，期望能够以此对空间的物质性载休及其非物质性内涵之间的密切关联提供一些启示。

第一节 //// 空间的组织关系

为了便于讨论，我们将空间组合的关系分成两个空间之间和多个空间之间两个部分。两个空间之间的关系比较简单清晰，而空间数量越多，彼此间的关系也就越复杂。下面，我们就从最基本的两个空间的关系开始，对多空间复杂的组合关系以及常见的组织方法进行一个比较系统的分析和讨论。

一、空间与空间的关系

1.空间包含空间

一个相对较小的空间被置于一个较大的空间之中，二者具有某种从属关系。这种空间状态曾被路易斯·康称为"空间中的空间"。这一先进入大空间之后再进入小空间的过程，为人们提供了二次进入的空间体验。在这种空间关系中，小空间既是大空间的一部分，又具有

很强的独立性和完整性，而大空间往往作为小空间的背景而存在。在强化大空间完整性的同时，突出小空间的独立性是形成这一空间体验的关键。要在大空间的背景下达到突出小空间的目的，可以采用形体与材质的对比来加以呈现（图4.1.1~4.1.7）。

2.两个空间相互穿插

两个空间相互重叠、交错，既存在着共有的空间区域，又保留着相互独立的部分，这种空间关系就属于相互穿插的空间状态。尽管两个空间相互贯穿，但人们仍然可以通过它们相对独立的部分辨认出两个空间的完整性，而两个空间相互重叠和共用的部分则使得二者的轮廓变得模糊不清，难分彼此。相互穿插的空间状态在现代空间设计案例中随处可见，设计师们乐于通过模糊空间的边界以实现某种不寻常的空间感受，从而给予人以某种特别的

图4.1.1 迪斯尼当代度假酒店（查尔斯·格瓦斯梅/Charles Gwathmey）

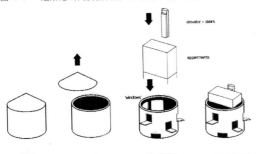

图4.1.2a

图4.1.2b 荷兰阿姆斯特丹一处污水处理设施改建的公寓（De Architectengroep建筑事务所）

图4.1.3 挪威奥斯陆大学教学楼入口处通过一个空间包含另一个空间的方式，形成从室外向室内过渡的不同的空间层次

图4.1.4 通过特色鲜明的形态处理，赫尔辛基地铁站的入口得以从周边的室内商街中凸显出来

图4.1.5 荷兰Leidsche Rijn社区住宅组群中，实体顶部中的虚空同样暗示出"空间中的空间"的存在（SeACH建筑事务所）

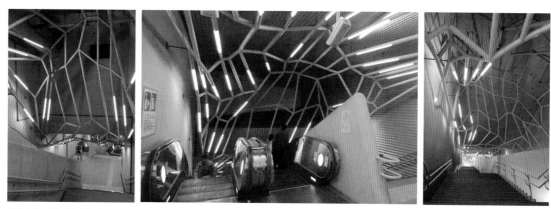

图4.1.6 饭田桥地铁站室内的网状构筑物在无表情的建筑空间中营造出了一个更具情感色彩和生命特征的空间层次（渡边诚/Makoto Sei Watanabe）

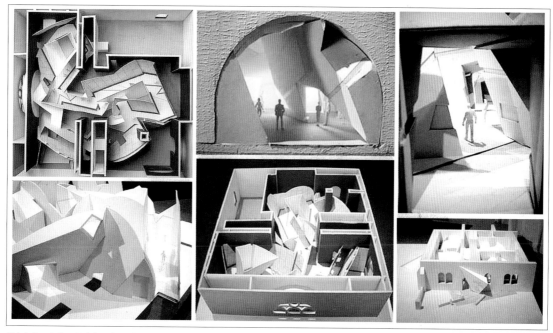

图4.1.7 在将丹麦皇家图书馆改造成犹太博物馆的项目中，丹尼尔·里伯斯金（Dianel Libeskind）在规整的传统建筑中创造了一个复杂得令人惊异的内部空间

空间体验（图4.1.8～4.1.16）。

3.两个空间并置

在两个空间的关系中，两个空间并置是其中最基本也是最常见的形式。两个空间边界的特征会形成不同的空间体验。两

个空间的边界越明确越清晰，则两个空间就越彼此独立。两个空间的边界越模糊，则意味着空间之间具有某种程度的连续性。在某些特殊的情况下，分隔或者说连接两个空间的任务是由一个具有深度的"面"来完成的。在这种情况下，两个空间的边界就衍生成为一个具

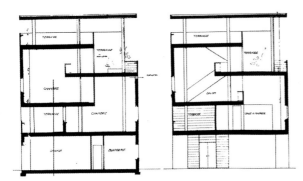

图4.1.8 迦太基别墅（未实施方案）剖面（勒·柯布西耶/Le Corbusier）

图4.1.9b

图4.1.9a AZL养老基金总部（威尔·艾瑞茨/Wiel Arets）

图4.1.10a KBWW拼联别墅（De Architectengroep & MVRDV建筑事务所）

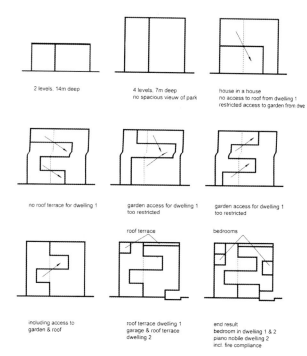

2 levels, 14m deep

4 levels, 7m deep
no spacious vieuw of park

house in a house
no access to roof from dwelling 1
restricted access to garden from dwe

no roof terrace for dwelling 1

garden access for dwelling 1
too restricted

garden access for dwelling 1
too restricted

roof terrace

bedrooms

including access to
garden & roof

roof terrace dwelling 1
garage & roof terrace
dwelling 2

end result
bedroom in dwelling 1 & 2
piano nobile dwelling 2
incl. fire compliance

图4.1.10b

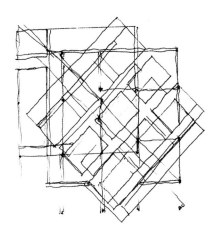

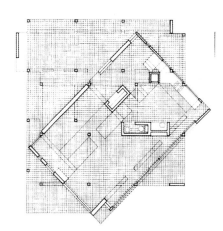

图4.1.12

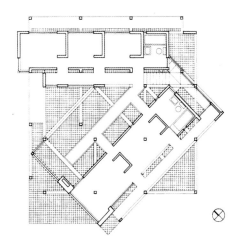

图4.1.11 第三号住宅（彼得·艾森曼/Peter Eisenman）

图4.1.13a

图4.1.13b 哥伦布市会议中心（彼得·艾森曼/Peter Eisenman）

图4.1.14

有中介性质的空间。此外，两个相互并置的空间由于彼此在体量尺度和开放性方面的差异，使得两者既可能处于对等和并列的关系，也可能存在主次和从属关系。当两个空间处于这一关系中，中介空间的特征有着决定性的意义。中介空间的形式和大小应该与它所连接的两个空间有所不同，这样才能显现出它所起的衔接和过渡的作用（图4.1.17、4.1.18）。

二、多空间的组合关系

在满足单一空间需求的基础上，协调和处理好各个空间之间的关系是进行空间组织的主要目标。多空间的相互关系虽然复杂多样，但其组合方式仍可概括为几种最基本的方式，其中包括：线式组合、集中式组合、组团式组合、网格式组合和开放式组合等。

1. 线式组合

线式空间组合的一种常见方式是由一个或多个直线或曲线形的空间（往往具有通道性质）将多个相对独立的空间串接起来；另一种常见方式是多个相对独立的空间并接成一组空间序列，空间序列的内部隐含着一条线性的通道。由于线性空间的特点使得该组合方式具有比较明确的方向感。在实际的空间运用时，各个空间既可以保持各自的独立性和相互的并列关系，也可以是被线性空间从中间穿过后串联在一起（图4.1.19~4.1.23）。

图4.1.15 罗森/维斯顿住宅(埃里克·欧文·莫斯/Eric.Owen.Moss)

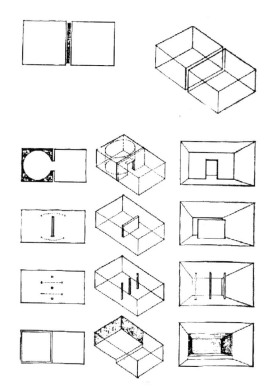

图4.1.17 两个空间相互连接的多种方式

图4.1.16 东京国家博物馆(谷口吉生/Yoshio Taniguchi)

图4.1.18 芬兰Kiasma当代艺术博物馆室内两个展厅的分隔与联系
(斯蒂文·霍尔/Steven Holl)

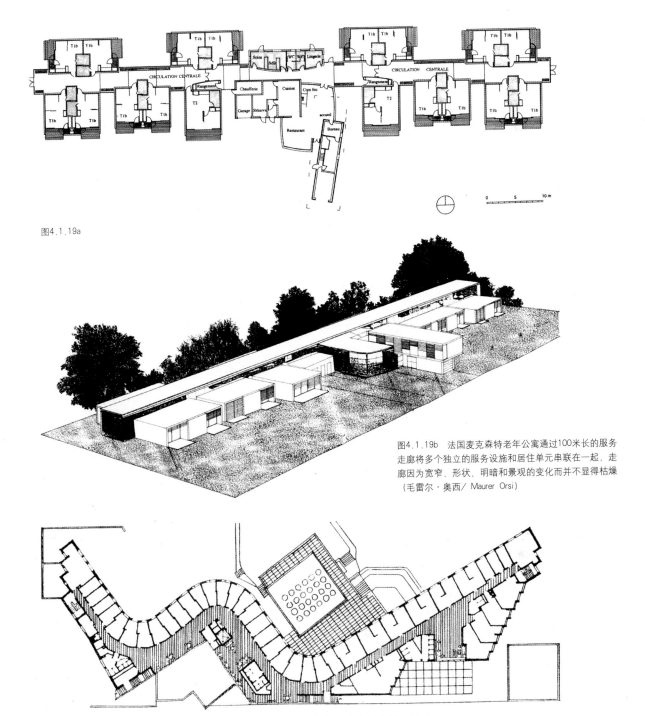

图4.1.19a

图4.1.19b　法国麦克森特老年公寓通过100米长的服务走廊将多个独立的服务设施和居住单元串联在一起，走廊因为宽窄、形状、明暗和景观的变化而并不显得枯燥（毛雷尔·奥西/ Maurer Orsi）

图4.1.20　麻省理工学院公寓楼曲线形走廊与小型开放性区域相结合（阿尔瓦·阿尔托/ Arlva Alto）

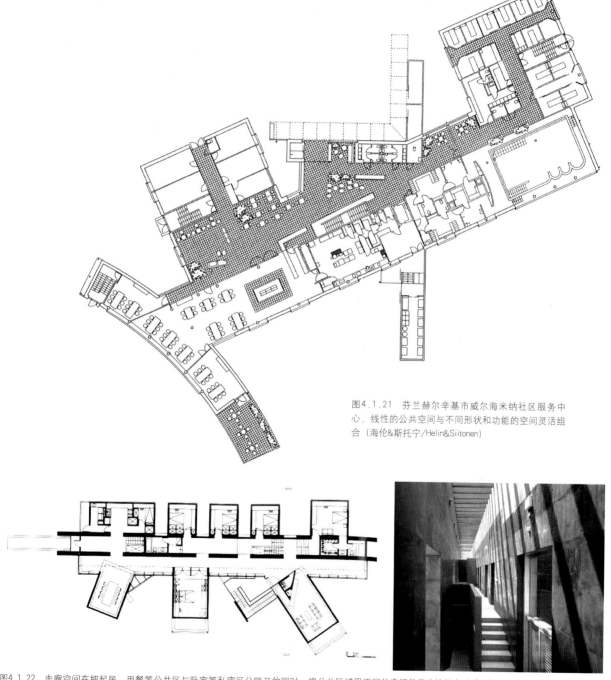

图4.1.21 芬兰赫尔辛基市威尔海米纳社区服务中心，线性的公共空间与不同形状和功能的空间灵活组合（海伦&斯托宁/Helin&Siitonen）

图4.1.22 走廊空间在把起居、用餐等公共区与卧室等私密区分隔开的同时，将公共区域里不同的空间单元连接起来（"飞机场"住宅，简学义）

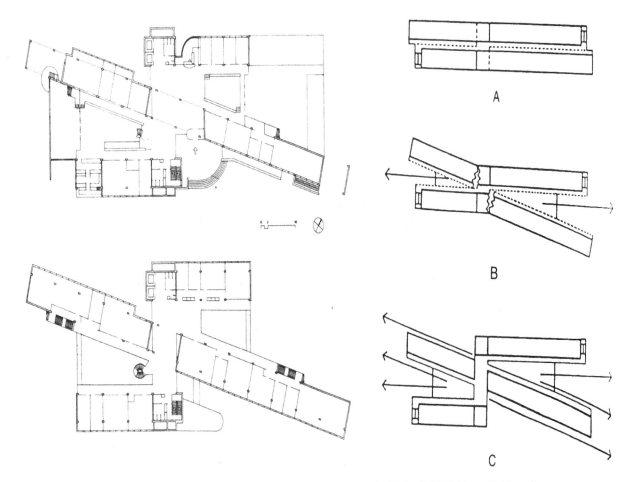

图4.1.23 荷、比、卢三国联盟专利办公楼由传统的平面经变异后形成较为丰富的空间组合（赫曼·赫茨伯格/Herman Hertzberger）

2.集中式组合

集中式组合是由一个居于中心位置占主导地位的空间和一系列围绕其周围的次要空间共同构成。欧洲文艺复兴时期大量的教堂和住宅都采取了这一种空间组织方式。集中式组合既可以是完全对称的布局，也可以是沿多个方向上的不对称的均衡构图。由于这一组合中的空间存在着主与次、中心与边缘的差异，因而也具有较强的方向性特征。此外，还有一种空间组合方式兼顾了集中式组合和线型组合的要素，它由一个主导性的中心空间和一些

向外辐射扩展的线式空间所共同构成，呈现"辐射式"或"风车式"的形态特征。它实际上是一种更为复杂和变异了的集中式空间构图（图4.1.24～4.1.27）。

3.组团式组合

组团式组合是由一组关系密切且形态相近的空间比较自由地排布在一起而形成的一个空间组群。各个空间之间联系紧密，地位相当，且不存在明显的主次关系。这种空间组织方式非常自由，各空间之间不一定具有严格的组织规律，而只需要保持密切的联系和

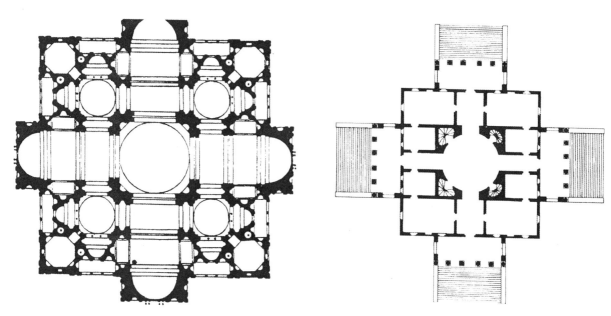

图4.1.24a 圣彼得大教堂(伯拉孟特/Bramante)；罗汤多别墅（帕拉迪奥/Andrea Palladio）

图4.1.24b

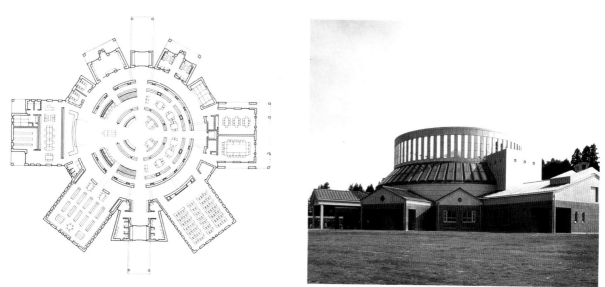

图4.1.25 日本水户市立西部图书馆（新居千秋都市建筑/ChiakiArai Urban& Architecture Design)

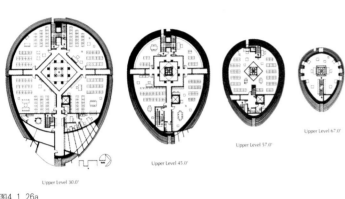

图4.1.26a

图4.1.26b　美国文化遗产中心和艺术博物馆（安东尼·普雷多科/Antoine Predock）

图4.1.26c

图4.1.27a　德国柏林犹太小学（兹威·海克/Zvi Hecker）

图4.1.27b

适度的均衡性即可。尽管形成组团式组合中的每一个空间没有中心与边缘之分,但就由此方式所形成的空间组团整体而言却往往存在着一定的中心性。形成组团的各个空间的大小、形状等特征越相近,则组团的整体感越强。否则,就更像是一些彼此孤立的若干空间简单并置在一起的结果(图4.1.28～4.1.29)。

4.网格式组合

以一个具有很明确规律性的网格作为依据进行空间组织的方式,网格的单元成为空间组织的基本模数。一般情况下,网格是在规则的几何图案及其衍生

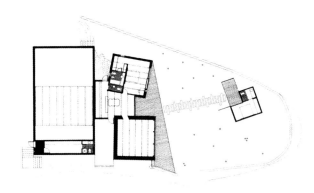

图4.1.28a 费瑞特住宅及工作室(卡洛斯·费瑞特/Carlos Ferrater)

图4.1.28b

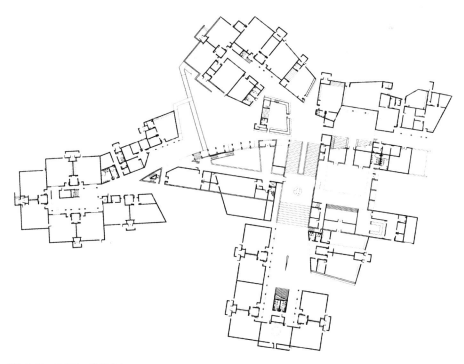

图4.1.29 温塔纳·维斯塔小学(安东尼·普雷多科/Antoine Predock)

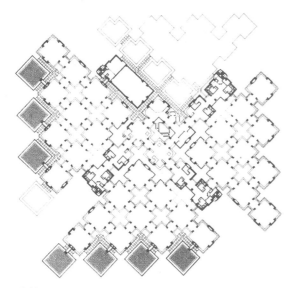

图4.1.30a

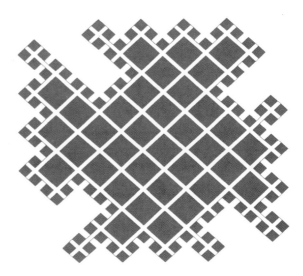

图4.1.30b

图4.1.30c　比希尔中心办公楼（赫曼·赫茨伯格/Herman Hertzberger）

图4.1.30d

图形的基础上生成的。方形、三角形和六边形是最常用的网格形式。显然，网格式组合的最大优势是易于形成具有很强可控性的空间布局模式，但运用不当也会导致比较单调呆板的空间构图。因此，在实际的应用中，为增加网格的丰富性和灵活度，我们经常对基础的几何网格进行一定的组合变化。既可以在基本几何形的基础上加以变形，也可以将几个网格进行叠加以生成新的图形关系（图4.1.30~4.1.33）。

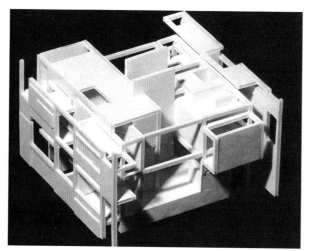

图4.1.31a

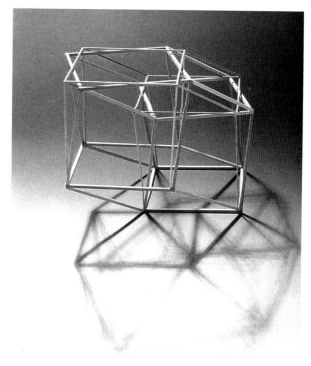

图4.1.32a　卡耐基梅隆研究院（彼得·艾森曼/Peter Eisenman）

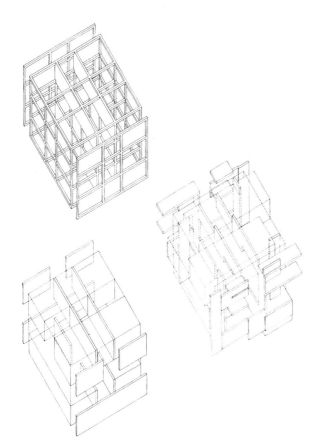

图4.1.31b　第四号住宅（彼得·艾森曼/Peter Eisenman）

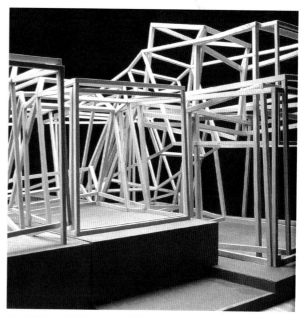

图4.1.32b　埃默里艺术中心（彼得·艾森曼/Peter Eisenman）

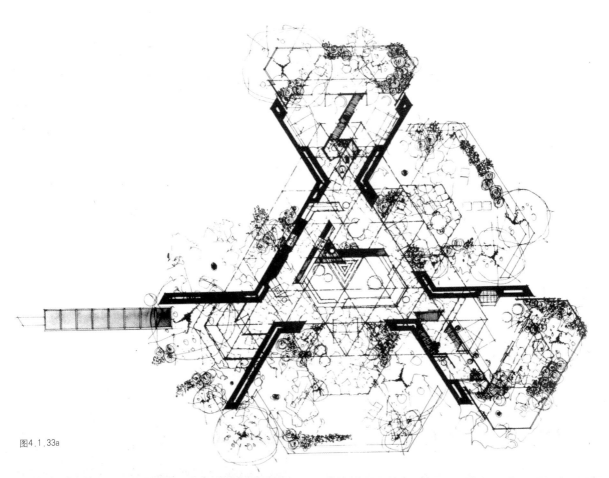

图4.1.33a

图4.1.33b 普拉特住宅利用三角形网格生成空间（威廉·布鲁德/William.P.Bruder）

图4.1.33c

5.开放式组合

开放式组合方式与前面所提到的各种空间组织方式最大的不同之处在于组成空间整体的每一个空间之间相互渗透贯通。相邻空间之间时而分隔时而连通，空间的边界模糊不清，具有连续性的特征。中国江南的传统园林空间就是这种开放式组合的典型代表（图4.1.34～4.1.36）。在很多情况下，开放式空间组合是由前面提到的各种空间组合方式发展衍生而成的空间组合状态。在相互位置基本相同的情况下，仅仅由于参与组合的空间围合程度的降低就可以使得空间组合关系发生根本性的变化。

图4.1.34b

图4.1.34c

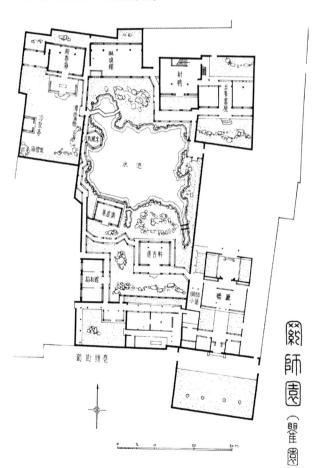

图4.1.34a 苏州网师园开放式的空间组合关系

图4.1.34d

图4.1.35a

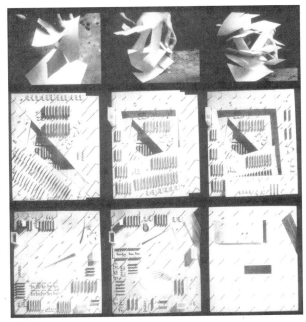

图4.1.35c

图4.1.35b 巴黎朱苏大学图书馆及研究中心通过连续的楼层斜面实现了开放式的空间组合(雷姆·库哈斯/Rem Koolhass)

图4.1.35d

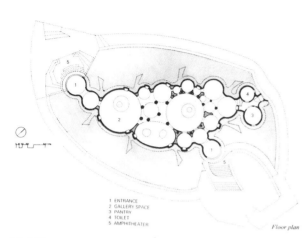

1 ENTRANCE
2 GALLERY SPACE
3 PANTRY
4 TOILET
5 AMPHITHEATER

Floor plan

图4.1.36a

图4.1.36b　侯赛因——多什·沽伐画廊相互贯通的开放式空间组合（巴尔克里什诺·多什／Balkrishna Doshi）

图4.1.36c

图4.1.36d

第二节 ///// 移情与叙事——空间的情感与艺术表现

无论围合空间的实体、界面还是被围合出的空的部分，空间无疑都是一种客观物质性的存在，并且大都是以满足某种现实的使用需求为建造的基础。然而，空间存在的价值和意义显然远不止于物质和现实功用的层面，因为空间从来都是人类寻求自身定位、宇宙关联和生存意义的媒介和纽带。也就是说，虽然依附于物质和现实，但空间的精神属性和情感意义才是空间最内在的价值体现。因此，探寻空间及其组织形态与空间的情感和精神意义之间的关联是空间感知、体验与创造的重要内容。

著名建筑师路易斯·康(Louis Kahn)在谈及建筑空间与其承载的情感和精神内涵之间的关系时说道："（建筑空间）创作前的感觉一定与情感触发有关，完美的情感触发形成意愿，进而引出视觉形象……一座伟大的建筑物必须从无可量度的状况开始着手构思，当它被设计着的时候又必须通过所有可以度量的手段，最后又一定是无可度量的……建筑成为了生活的一部分，才能发出不可度量的气质，焕发出活生生的精神。"现代主义建筑的开创者之一勒·柯布西耶(Le Corbusier)甚至认为情感是建筑空间的本质，空间因承载了创作者的情感而使人感动。芬兰著名建筑师阿尔瓦·阿尔托(Alvar Aalto)在被问及如何进行创作构思时说："当你试图设计一扇窗户时，要设想你的恋人就坐在窗边……"

"空间移情"偏重于人们对于空间更直接的反应和感受，是基于人类感官的本能而产生的情绪和情感的结果，是人与空间相互交流过程中比较感性的部分。空间的移情性是空间感知和空间创造的基础，因为只有当人与空间之间产生情绪和情感上的交流和互动，才能使空间不再仅仅是没有生命的物质现实，而成为具有情感属性的精神载体。而"空间叙事"则是阐述空间意义的一种有效的空间组织方法，是通过空间结构和关系去表现更为复杂的空间主题，需要对空间的情节、线索进行组织和编排才能够实现，需要较为理性的安排和架构。关于这一点，我们在对空间的时间性和顺序性的阐述中也曾经有过较为详细的论述。

一、空间的移情

在前面关于"形态的意义传达"一节中，我们提到了人们经常会遇到很多感觉转移的现象。比如，在逛街时闻到爆米花的香味时会产生食欲和饥饿感；听到悠扬的音乐旋律会不由自主地在脑海里描绘出一幅充满了色彩的画面。在视觉领域这种现象更是普遍存在，比如看到比较鲜艳的橘红色时，我们会产生比较温暖的感觉，尽管环境的温度并没有发生任何变化；而当身处大面积的蓝色环境时，人们则会感到比较冰冷并容易因此而产生抑郁的消极情绪。

由于空间的形态、场景、氛围等的作用，而使得人们产生某种情绪或情感上的变化和共鸣现象，就是我们所谓的空间的移情效应。前面提到的由于环境色彩而产生的对空间参与者的情绪的影响就属于空间移情的范畴。在日常生活中，空间的移情现象是非常普遍的，这样的例子还有很多。比如，当人们身处比较狭窄和局促的空间中时会感觉到紧张和压抑，尽管事实上空间并没有狭窄到直接压迫人们身体的程度。在同样陌生的环境里，阳光充足的房间会使人感到安详和舒适；而如果房间中的光线极度昏暗且闪烁不定，则往往会给人以神秘甚至恐惧的感觉。

空间的移情是人们基于本能和潜在意识而建立起来的空间形式与人类情感之间一种密切关联的现象。就空间创作的角度而言，空间的形态、界面和色彩等因素对人们心理和情感的影响，正是形成空间氛围、强化空间艺术表现力的基础。设计师可以通过对空间的若干构成要素进行组织和安排，以实现对空间主题的艺术性表现。当然在现实生活中，空间大多有着实际的使用要求限制，这就要求设计师在进行空间的艺术表现时必须以满足现实的需求为前提，在可行的范围内去精心地选择空间构成的手段，在各种限制条件下去完成对既定的空间主题的表现（图4.2.1）。

二、空间的叙事

空间叙事是从文学的相关理论引发和借鉴而来的概念，是对空间进行艺术表现的一种方式。它把一个有着共同主题的空间序列分解成多个相互关联的分主题或"场景"加以呈现，再通过一个或多个具有主次的空间线索将各个分主题联系组织起来，以完成对空间整体意象的表现。就像讲故事一样，通过一个潜在的线索把一系列相互关联的章节和情节串联起来，以完成对整个故事的讲述。不同之处在于，讲故事是通过语言文字进行直接的表达，而空间的叙事则需要通过形式和色彩等空间语言潜在而间接地影响和引导人们，通过环境暗示和场景气氛去烘托空间的主题，因此，空间的移情特性始终是一切空间叙事的基础（图4.2.2）。

尽管空间叙事需要以空间移情作为基础，但因为需要传达更为复杂的信息、表达更为复杂的意义，空间叙事还需要通过对具有特殊含义的道具的引用和场景片断的再现等方法，来唤醒人们曾经的经验和记忆。此外，空间叙事还经常利用具有特别意味的形式语言和符号，借助象征、隐喻和联想等手段，来表达复杂的空间主题和含义，因而带有很重的人文色彩（图4.2.3～4.2.7）。当然，借用符号性的形式语言去进行隐喻和象征，只有与人们对空间的移情本性相互配合，才可能得到一个情感丰富且意味深远的空间场所，否则将会演变成一场晦涩难懂的猜谜游戏。

图4.2.1a

图4.2.1b　由符号化的"心"形图案引申出的空间形态加之鲜艳的色彩配合，明确地传递出关于"情爱"的空间主题（Bisazza展厅，Fabio Novembre）

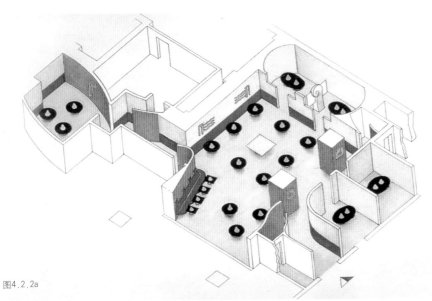

图4.2.2a

空间整体的"叙事"要想打动人心，需要对几个关键性的因素加以把握。首先是"故事"的题材，即空间的主题必须富于吸引力，容易引发人们的联想和兴趣；其次是空间手段的选择和场景氛围的营造与空间所要表现的主题必须紧密关联，避免"词不达意"；最后是"故事"的叙述和编排方式，即空间的组织和架构需要清晰紧凑且引人入胜。

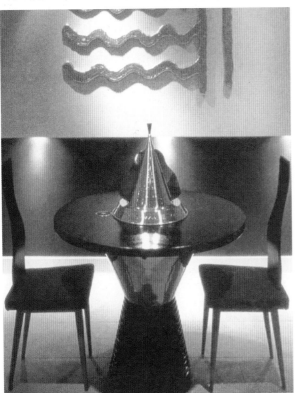

图4.2.2b　Kabuto海鲜火锅餐厅以"海"为主题，通过间接光照明、色彩和质感联想等方式营造出空间的氛围（依亚维科里和罗西/ Iavicoli & Rossi）

图4.2.2c

图4.2.2d

图4.2.3 作为后现代主义的代表作品，"意大利广场"通过对意大利的国家地图和经简化变异后的传统柱廊的引用，提示出空间所要表达的主题（查尔斯·摩尔/Charles Moore）

图4.2.4 柏林犹太人大屠杀纪念馆内狭窄而高耸的楼梯通道上空，凌乱且突兀地悬插着的混凝土构架暗示着正常生命过程遭到意外的破坏和断裂（丹尼尔·里伯斯金/Dianel Libeskind）

图4.2.5 欧洲犹太人遇难者纪念公园中两千七百多块沉重的混凝土块体有秩序地排列在一起，弥漫着似坟墓般的沉闷气息，这些地面上的块体与隐藏在地下的展示空间一起烘托出对大屠杀死难者哀悼的主题（彼得·艾森曼/Peter Eisenman）

图4.2.6a

图4.2.6b 一丝光线从高耸且压抑的混凝土墙面顶端洒落下来，对"二战"时期挣扎于死亡边缘的犹太人而言像一个渺茫的"生"的希望

图4.2.6c 顶部的自然光、底部由昏暗的人工光照亮的死难者照片以及裸露泥土的地坑之间又一次形成了"生"与"死"的强烈反差，耶路撒冷大屠杀历史博物馆（摩什·赛弗迪/Moshe Safdie）

图4.2.7a

图4.2.7b

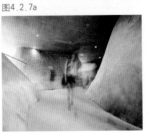

图4.2.7c 建筑底层混沌的形态、冷硬的质感仿佛再现了地壳深层溶洞般的结构形态

图4.2.7d 建筑中层通过树根状的剪影模拟了植被根系的生长状态

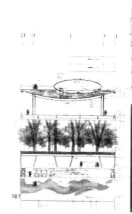
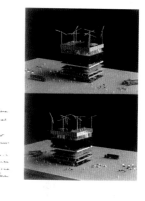

图4.2.7e 通过对地球生态循环状态进行分层式的抽象模拟，完成了对生态主题的阐述

图4.2.7f 建筑的高层部分栽植着茂密的大型植被的德国汉诺威世界博览会荷兰馆（MVRDV建筑事务所）

第三节 ///// 空间组合与意义表达的分项训练

课题1：空间组合训练（图4.3.1～4.3.18）

无内外空间

"内"和"外"是现实中普遍存在的空间现象，它源于人们对空间性质的日常体验。而对于无"内"、"外"空间可能性的尝试，则是对于空间确定性的重新思考。现要求在20m×10m×6m的空间范围内设置一组构筑物，要求该组构筑物由不少于四个可停留的空间组成，每个空间可使用面积不得小于50平方米，并在私密性与开放性方面有所区分。根据题目，这些空间在具有自身相对独立性的同时，须形成内空间与外空间、空间内与空间外的具有趣味性和富于启发性的转换。

1. 人在空间中的真实体验和尺度是需要关注的重点；

2. 空间范围的总体积在保持不变的情况下可以对其比例进行调整；

3. 材质可作为影响空间性质的辅助手段，但不应作为设计重点；

4. 构筑物周边的环境因素不作为考虑的内容。

成果要求：

1. A2幅面图纸1～2张，图纸内容包括：平面图、立面图、剖面图、三维表现图、概念图示及文字说明；

2. 实物模型1个，模型比例：1:50。

课题2：空间主题的综合表现一（图4.3.19～4.3.35）

记忆与体验

在4m×4m×4m的范围内设置一个空间构筑物，以同学们曾经的某一种生活体验、感受或情绪为内容，自定主题进行空间表现。要求同学们依据对主题的理解，充分调动包括形体、色彩、质感和光等所有的空间要素营造气氛，进行对空间主题的表现。

成果要求：

1. A3幅面手绘草图4～6张，图纸内容包括：主题概念的图示及文字说明、空间方案的平立面及三维表现草图；

2. 实物模型1个，模型比例：1:50。

课题3：空间主题的综合表现二

生命／四季

在20m×10m×6m的范围内设置一组空间构筑物，以"生命"或"四季"（二者选一）为主题进行空间的主题表现。要求同学们依据对主题的理解划分空间，充分调动包括形体、色彩、质感和光等所有的空间要素营造气氛，加强对主题的表现。

成果要求：

1. A2幅面图纸1～2张，图纸内容包括：平面图、立面图、剖面图、三维表现图、概念图示及文字说明；

2. 实物模型1个，模型比例：1:50。

图4.3.1 通过不完整的空间围合方式以及空间之间紧密的插接关系，实现空间组合的"无内外"状态（学生作业，韩冰）

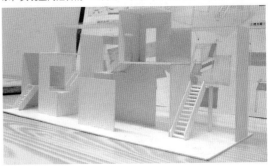

图4.3.2 通过不完整的空间围合方式以及空间之间紧密的插接关系，实现空间组合的"无内外"状态（学生作业，李巧玲）

图4.3.3a

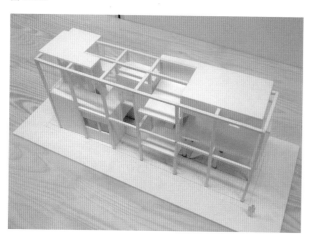

图4.3.3b 多个独立的小空间以及覆盖整体的网格框架可以被解读成某种
"空间中的空间"状态，作品以此实现了对"无内外"主题的表达(学生
作业，彭喆)

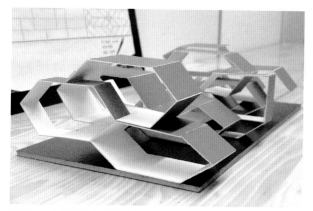

图4.3.4 六边形的空间像蜂巢一样交叉堆积在一起，人在其中行走可以
自然而然地在不同的空间之间进行转换(学生作业，申杨婷)

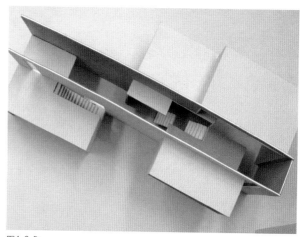

图4.3.5a

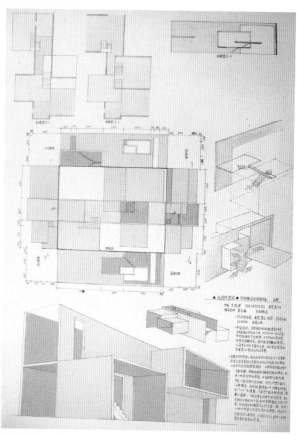

图4.3.5b 一个由高墙完整围合的"露天内院"与几个向外部大面积开口
的"独立房间"，向人们提供了内外空间有趣转换的特殊体验(学生作
业，于流洋)

图4.3.6 曲线形态的连续组合加之空间围护表面的图案式开孔,有效地增加了空间围合的弹性以及空间之间相互衔接的连续性(学生作业,潘梅林)

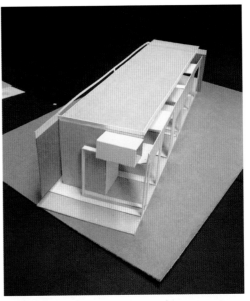

图4.3.8a

图4.3.7 作品通过"蒙德里安"式的构图关系形成空间整体的秩序感,并利用多个贯通上下楼层的黄色空间体块加强空间之间的相互联系(学生作业,胡筱楠)

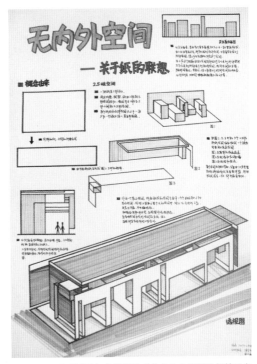

图4.3.8b 通过墙面向内翻折形成的多个小空间既保持了向外部开放的独立性,又可以解读为大空间整体中的一个部分(学生作业,宋婷)

图4.3.9a

图4.3.9b

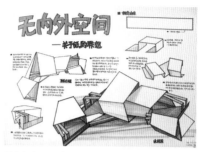

图4.3.9c 一个整体性的空间构筑方式增加了各个独立空间之间的连续性(学生作业,宋婷)

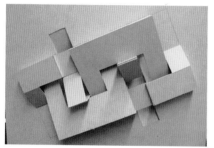

图4.3.10a

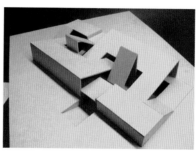

图4.3.10b

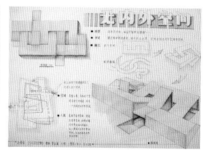

图4.3.10c 坡道的连续性使得各个空间之间保持独立性与开放性的平衡(学生作业,赵倩倩)

图4.3.11 几何形围护面相互覆盖叠加形成了内外空间的模糊状态 (学生作业,王蓉菲)

图4.3.12a

图4.3.12b 通过面材的不完整翻折和相互衔接对课题进行表达 (学生作业,王勤)

图4.3.13a

图4.3.13b两个不同逻辑的空间相互叠加，出现了多个无法辨认出归属的区域（学生作业，张金）

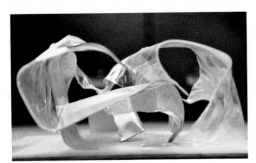

图4.3.14　有机形态表面的连续性为空间的连续性提供帮助（学生作业，张俊超）

图4.3.15　圆形通道与圆弧空间形态的巧妙结合，使得人们在穿越空间的过程中体验内外空间的不断转换（学生作业，石钰）

图4.3.16a

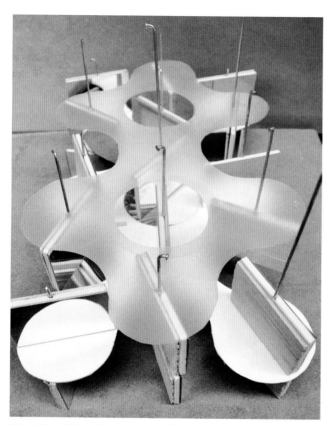

图4.3.16b 利用可以旋转的空间隔断所提供的空间可变性打破划分空间内外的传统方式（学生作业，霍扬文）

图4.3.17a

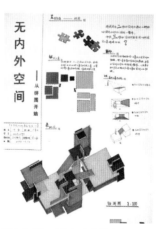

图4.3.17b 空间围合体的碎块化以及色彩之间的联系强化了空间个体的不完整性和空间之间密切的联系（学生作业，仲歆）

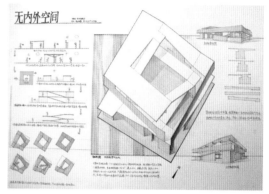

图4.3.18a

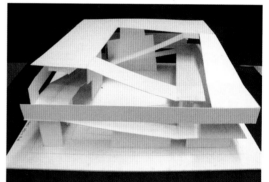

图4.3.18b

图4.3.18c 坡道的连续性使得各个单独的空间被串联在一起（学生作业，郝培晨）

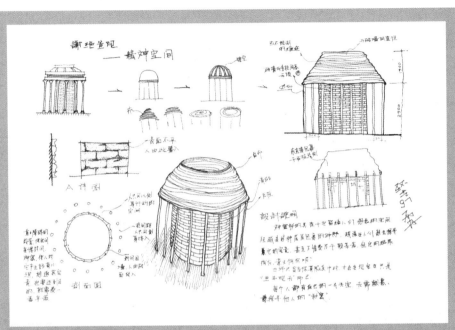

图4.3.19 以自我的某种精神状态为主题进行空间表达（作者：西丹）

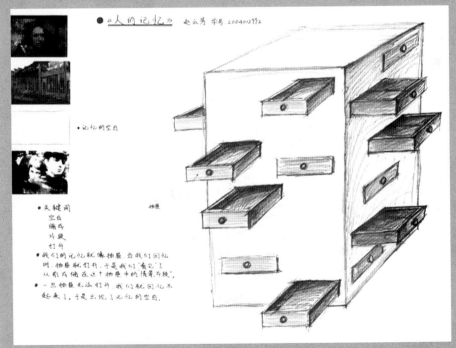

图4.3.20 "记忆"就像封存在抽屉中的物品，在某些情况下才会被意外地打开。（作者：赵云芳）

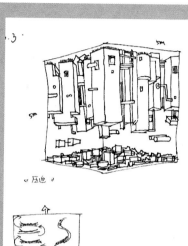

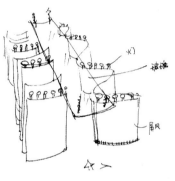

图4.3.21　大量悬挂堆积的体块使得身处空间中会有强烈的"压迫"感（学生作业，韩晓）

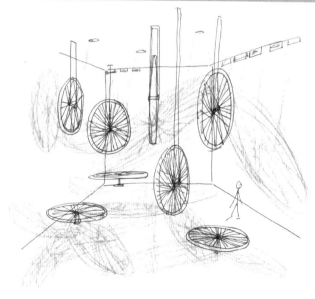

图4.3.22　不断转动的形体和晃动的光影关系传达出人对于身边世界的感受（学生作业，李彬）

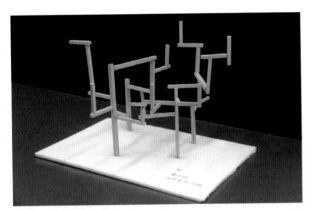

图4.3.23　由自然界树木的形态引发的相似联想，题为"生长"（学生作业，杨子涵）

图4.3.24　色彩变幻的线绳相互交织缠绕，题为"城市"（学生作业，杨子涵）

图4.3.25　不断打开而又关闭的门所连通起来的狭小的空间序列可能比一个单一静止的封闭空间更能使人体会到"封闭"的紧张感（学生作业，王晓东）

图4.3.26　对外封闭而坚硬，内部则温暖而柔软，主题为"家"（学生作业，王晓东）

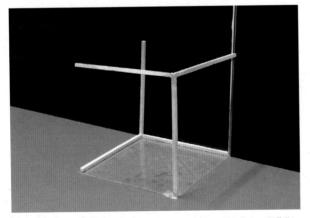

图4.3.27　虚拟的形体关联隐喻虚拟的"网络社会"（学生作业，张潇兮）

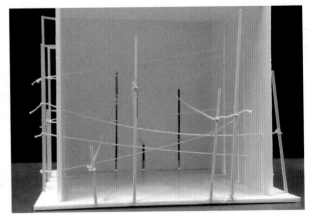

图4.3.28　该作业以"雨"为题，通过缝隙与细线的交织纠缠来表现南方梅雨的细密缠绵（学生作业，张潇兮）

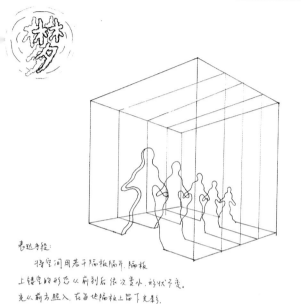

表达内容

梦具有神秘意。梦中人的面孔总是模糊时，梦中的情节也是容易忘却的。而现实生活中的某一刻，你会觉致曾遇到情景似曾相似，仿佛曾经在梦中经历过一般。

图示

光
锐空

表达手段：

将空间用若干隔板隔开。隔板上镂空的形态从前到后依次变小，形状不定。光从前方照入，在后边使隔板上留下光影。

尖多度形，表示梦中的情景。
语空为实形，表示现实中的情景。

图4.3.29 对非现实的"梦境"的呈现(学生作业，崔晓笛)

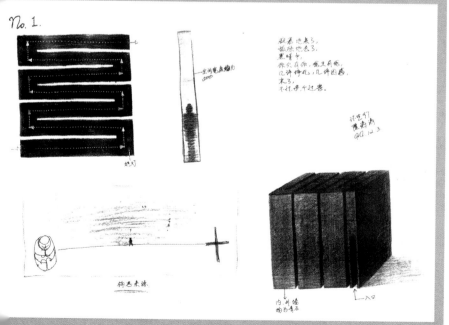

No.1

图4.3.30 以空间的手段对某种情绪和感受的表达 (学生作业，隆海涛)

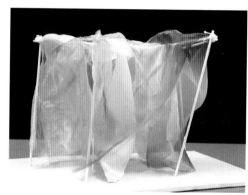

图4.3.31 变幻而多彩的轻纱随意地搭挂在绳节的支架上，试图描摹出"黄昏"的绚烂与慵懒 (学生作业，宋颖)

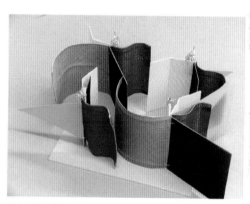

图4.3.32 课题原本要求在限定空间中表达某一种感觉，而该作业则通过可旋转的不同色彩、不同形状的隔板，围护出"随时变化的心情" (学生作业，孙琳)

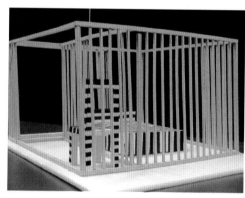

图4.3.33 该作业题为"prisoner"，通过监狱式的围栏和符号化的生活设施来表达对单调乏味生活的无奈 (学生作业，崔轩)

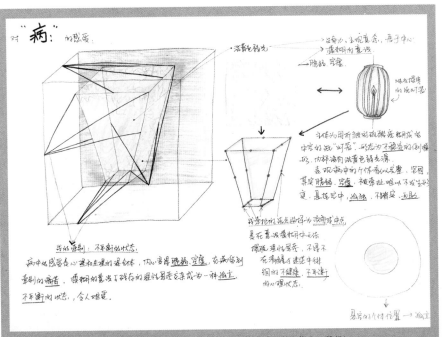

图4.3.34 通过空间、材质和光线的安排表达出作者对病痛的感受（学生作业，嵇炀）

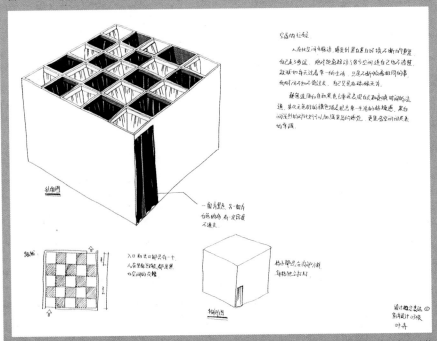

图4.3.35 黑白空间之间的频繁转换隐喻着每天白昼和黑夜的不断更迭，显得单调、乏味且缺乏意义（学生作业，叶卉）

图片来源:

《江南园林志》, 童寯著, 中国建筑工业出版社, 1984

《现代建筑表现图集锦》, 荆其敏编绘, 天津大学出版社, 1985

《建筑: 形式·空间和秩序》, 弗朗西斯·D·K·钦著, 中国建筑工业出版社, 1987

《日本当代百名建筑师作品选》, 布野修司+京都大学亚洲都市建筑研究会主编, 中国建筑工业出版社, 1997

《室内空间设计》, 李朝阳编著, 中国建筑工业出版社, 1999

《城市意象》, 凯文·林奇著, 方益萍、何晓军译, 华夏出版社, 2001

《查尔斯·柯里亚》, 汪芳编著, 中国建筑工业出版社, 2003

《设计手绘表达——思维与表现的互动》, 崔笑声著, 中国水利水电出版社, 2004

《Architectural Detail》, Quarto Publishing Inc. 1987

《Art And History of Egypt》, Alberto Carlo Carpiceci, CASA EDITRICE BONECHI, 1989

《Berthet Pochy In Architects D'Interieur》, Louis Beriot & Alain Dovifat, E.P.A Paris, 1990

《the Elements of Style》, Mitchell Beazley, Octopus Publishing Group Ltd, 1991

《New World Architect02: Tadao Ando》, Tadao Ando, 1991

《New World Architect04: Wiel Arets》, Kim Zwarts, 1991

《New World Architect05: Steven Holl》, Steven Holl, 1991

《New World Architect10: Peter Eisenman》, Peter Eisenman, 1991

《New World Architect11: Richard Meier & Antoine Predock》, Luca Vignelli & Robert Reck, 1991

《New World Architect12: Ben Van Berkel & William P. Bruder》, H-J Commerell, 1991

《Contemporary American Architects》, Philip Jodidio, Benedikt Taschen GmbH, 1993

《Showrooms》, John Beckmann, PBC International, Inc. 1993

《GA Document 40》, Yukio Futagawa, A.D.A.EDITA Tokyo Co., Ltd. 1994

《Commercial Space – Bars、Hotels and Restaurants 》, Francisco Asensio Cerver, AXIS BOOKS,S.A, 1995

《Michael Graves: Buildings And Projects (1990-1994) 》, Rizzoli International Publications, Inc. 1995

《Office Buildings》, MEISEI PUBIICATIONS, 1995

《Skidmore, Owings & Merrill: Selected and Current Works》, The Images Publishing Group Pty Ltd.1995

《Le Corbusier Complete Works》, W.Boesiger, Birkhauser Verlag AG., 1995

《New Public Architecture》, Jeremy Myerson, Laurence King, 1996

《Education And Culture Architectural Design》, Carlos Broto, Prot galaxy, 1997

《Residential Architecture》, Carlos Broto, Prot galaxy, 1997

《Baroque–Architecture, Sculpture and Painting》, Rolf Toman, Konemann Verlagsgesellschaft mbH, 1998

《O.M.A/Rem Koolhaas1987–1998》, Richard C.Levene & Fernando Marquez Cecilia, EL Croquis, S.L.1998

《10*10》, Phaidon Press Limited, 2000

《Lessons in Architecture 2: Space and the Architect》, Herman Hertzberger, Jen Sean & Wellcharm Enterprise Co., Ltd.2000

《A History of Interior Design》, John Pile, Laurence King Publishing, 2000

《Design Secrets: Architectural Interiors》, Justin Henderson & Nora Richter Greer, Rockport Publishers, Inc. 2001

《Carlos Ferrater》, Massimo Preziosi, Phaidon Press, 2002

《100 of the World's Best Houses》, The Images Publishing Group Pty Ltd.2002

《Radical Landscape》, Jane Amidon, 2003

《Architecture and Computers: Action and Reaction in the Digital Design Revolution》, James Steer, Laurence King Publishing Ltd., 2003

《SPA-DE(Vol.2)》, RIKUYOSHA CO., Ltd. 2004

《Exhibition Stands》,Arian Mostaedi, Carles Broto & Josep Ma Minguet,2004

《iau New Project 2》, Well Century International Ltd., 2004

《Apartment Avant – garde》, Kisho Kurokawa and Kengo Kuma, SHOKOKUSHA Publishing Co.Ltd.2004

《10*10_2》, Phaidon Press Limited,2005

《ODD EVEN》, Jeahong Lee, C3DESIGN, 2006

《Herzog & de Meuron 2002 – 2006》,Fernando Marquez Celilia & Richard Levene, EL croquis, 2006

《SeACH》, Sandu Cultural Media, 2008

《1000 * Landscape Architecture》, Verlagshause Braun, 2009

www.ifeng.com

cn.wsj.com

upload.wikimedia.org

boston.com

www.arcspace.com

www.vudn.com

www.architecture.name

www.archinnovations.com

参考书目:

《外部空间设计》, 芦原义信著, 尹培桐译, 中国建筑工业出版社, 1985

《建筑空间论——如何品评建筑》, 布鲁诺·赛维著, 张似赞译, 中国建筑工业出版社, 1985

《现代建筑语言》, 布鲁诺·赛维著, 席云平、王虹译, 中国建筑工业出版社, 1986

《后现代建筑语言》, 查尔斯·詹克斯著, 李大夏译, 中国建筑工业出版社,1986

《室内设计资料集》, 张绮曼、郑曙旸主编, 中国建筑工业出版社, 1991

《室内空间设计》, 李朝阳编著, 中国建筑工业出版社, 1999

《城市意象》, 凯文·林奇著, 方益萍、何晓军译, 华夏出版社, 2001

《建筑: 形式·空间和秩序》, 弗朗西斯·D·K·钦著, 邹德侬、方千里译, 中国建筑工业出版社, 2003

《交往与空间》, 扬·盖尔著, 何人可译, 天津大学出版社, 2003

《建筑体验》, S·E·拉斯姆森著, 刘亚芬译, 知识产权出版社, 2003

《空间的语言》, 布莱恩·劳森著, 杨青娟等译, 中国建筑工业出版社, 2003

《环境行为与空间设计》高桥鹰志+EBS组编著, 陶新中译, 中国建筑工业出版社, 2003

《可持续建筑的自然光运用》, 玛丽·古佐夫斯基著, 汪芳等译, 中国建筑工业出版社, 2004

《空间句法》, 《世界建筑》第185期, 世界建筑杂志社, 2005

《建筑的复杂性与矛盾性》, 罗伯特·文丘里著, 周卜颐译, 中国水利水电出版社, 知识产权出版社, 2006

《直接发生——空间训练基础》, 崔鹏飞编著, 中国建筑工业出版社, 2005

《空间设计》, 杨茂川著, 江西美术出版社, 2006

《建筑体验——空间中的情节》, 陆邵明著, 中国建筑工业出版社, 2007

《建筑空间组合论(第三版)》, 彭一刚著, 中国建筑工业出版社, 2008

《Contemporary American Architects》, Philip Jodidio, Benedikt Taschen GmbH,1993

《Baroque-Architecture, Sculpture and Painting》, Rolf Toman, Konemann Verlagsgesellschaft mbH, 1998

《A History of Interior Design》, John Pile, Laurence King Publishing, 2000

《Lessons in Architecture 2: Space and the Architect》, Herman Hertzberger, Jen Sean & Wellcharm Enterprise Co., Ltd.2000

《Radical Landscape》,Jane Amidon, 2003

《Designs of the Times》, Lakshmi Bhaskaran, Roto Vision SA, 2005

后　记

空间设计是建筑与环境艺术等相关设计专业学习的基础内容。在引入功能、技术和经济等更为复杂的因素之前，从比较单纯的角度对空间形态及其与人们的感受和行为之间的关系进行专项训练，可以有效地帮助我们从单一到多样、从简单到复杂地学习和体会空间设计的基本方法和原理。进行形态思考与空间创造的过程有助于我们完成从平面思维向空间思维的转化，拓展空间生成的多种可能方式，体会空间语言所承载的视觉含义，感受空间形态与空间体验之间的内在关联，所有这些无疑将为同学们今后的专业学习打下扎实的基础。

无可否认，技术进步在不断改变着我们身边世界的同时，也改变着我们看待世界的方式。当今数字技术所营造着的虚拟世界正在颠覆着我们曾经的空间经验，就这一意义而言，本书所关注的还是比较传统的真实空间的范畴，对于未来虚拟世界的空间现象及其对现实空间的影响涉及不多，这部分内容还有待于今后的实践探索和理论研究去不断地完善和更新。

最后，我要特别感谢辽宁美术出版社的彭伟哲编辑，没有他的督促和帮助，本书是难以最终完成的。此外，我还要感谢崔笑声、于历战两位老师以及清华大学美术学院环境艺术设计系历届参与空间设计基础课程的同学们，因为他们的努力和付出才使得本书变得更为生动和直观。

管沄嘉

1971年生于北京
清华大学设计艺术学博士
1998年至今，清华大学美术学院环境艺术设计系讲师
高级室内建筑师，中国建筑学会室内设计分会会员
主要参展及获奖
第九届全国美术作品展优秀奖（1999）
第五届全国室内设计双年展金奖（2004）
中国建筑学会"全国百名优秀室内建筑师"（2006）
中国室内装饰协会"中国室内设计精英奖"（2008）
"ODCD"——中韩日国际学术交流展（北京/米兰）（2006）
"Creatingspaces"——中欧艺术家联合创作交流展
（北京/赫尔辛基）（2009/2010）